AF591596

RECHERCHES EXPÉRIMENTALES

SUR

L'ALIMENTATION DES BESTIAUX,

ET SPÉCIALEMENT

DES VACHES LAITIÈRES,

ENTREPRISES, PAR ORDRE DU GOUVERNEMENT ANGLAIS,

PAR M. ROBERT DUNDAS THOMPSON,

Docteur en médecine, professeur de chimie à l'Université de Glascow.

Traduites de l'anglais.

Prix 2f.

BORDEAUX,
PAUL CHAUMAS, LIBRAIRE-ÉDITEUR,
Fossés du Chapeau-Rouge, 34.

PARIS,
Mme Ve BOUCHARD-HUZARD, LIBRAIRE,
Rue de l'Éperon, 7.

1847

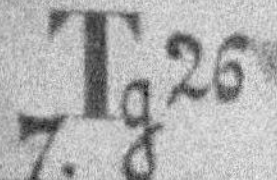

RECHERCHES EXPÉRIMENTALES

SUR

L'ALIMENTATION DES BESTIAUX,

ET SPÉCIALEMENT

DES VACHES LAITIÈRES,

ENTREPRISES, PAR ORDRE DU GOUVERNEMENT ANGLAIS,

PAR M. ROBERT DUNDAS THOMPSON,

Docteur en médecine, professeur de chimie à l'Université de Glascow,

Traduites de l'anglais.

BORDEAUX,

PAUL CHAUMAS, LIBRAIRE-ÉDITEUR,

Fossés du Chapeau-Rouge, 34.

PARIS,

Mme Ve BOUCHARD-HUZARD, LIBRAIRE,

Rue de l'Éperon, 7.

1847

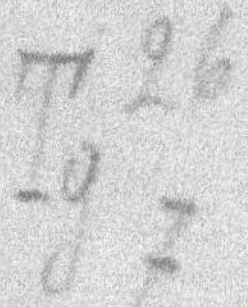

La population, il est vrai, a plus que triplé. On serait tenté d'en conclure que les habitants de Londres consomment aujourd'hui moins de viande qu'ils n'en consommaient autrefois ; mais on se tromperait complètement. Le poids des animaux livrés à la boucherie est, dans tout calcul de ce genre, un élément de la plus haute importance, et ce poids n'a cessé de s'augmenter depuis un siècle. En 1710, le poids moyen de chaque bœuf était estimé à 174 kilog. seulement ; de chaque veau, 22 1/2 kilog.; de chaque mouton, en moyenne, 13 kilog. En 1795, un comité nommé par la Chambre des communes établit que les bêtes à cornes et les bêtes à laine avaient augmenté d'un quart en grosseur et en poids depuis 1732. On ne saurait évaluer aujourd'hui au-dessous de 297 kilog. le poids moyen de la viande fournie par un bœuf, à 65 kilog. le poids des veaux, et à 41 kilog. le poids des moutons. (G. de Molinari, *Journal des Economistes*, janvier 1847, p. 122).

Ces chiffres seraient inférieurs quant aux bœufs à ceux qu'offrirait le bétail consommé à Paris, s'il fallait s'en rapporter à M. Horace Say. Au dire de ce publiciste distingué, le poids moyen de la viande produite par chaque animal est de 325 kilog. par bœuf, 65 kilog. par veau, et 22 par mouton. (*Etudes sur l'administration de la ville de Paris*, 1846, p. 129.)

A Bordeaux, depuis la mise en vigueur de la loi qui prescrit la perception au poids des taxes d'octroi, on connaît exactement ce qu'ont pesé les animaux conduits à notre abattoir. Voici quels ont été les résultats offerts par les opérations du mois de janvier 1847 :

707 bœufs.........	451,867	kilog.	Moyenne,	639	kilog. 13
960 veaux.........	109,381	—	—	113	— 94
3,646 moutons......	157,935	—	—	43	— 26

D'après des évaluations qui ne sont, il est vrai, qu'approximatives, on est en droit de fixer le poids en viande à 320 kilog. pour les bœufs, à 66 kilog. pour les veaux, et à 22 1/2 kilog. pour les moutons.

Mais ces questions, qu'il serait intéressant de développer et de mettre en lumière, nous écarteraient du sujet que se propose le petit écrit que nous publions aujourd'hui.

C'est au moyen d'une alimentation habilement entendue qu'on peut arriver à donner aux animaux les qualités que les besoins de la consommation font rechercher; c'est par là qu'on peut modifier les espèces d'une manière utile, et arriver à obtenir de nos animaux domestiques tout le parti dont ils sont susceptibles.

Le gouvernement anglais, reconnaissant toute l'importance d'éclaircir un point aussi essentiel et aussi mal connu jusqu'ici de la science, a chargé un chimiste des plus distingués, M. Robert Dundas Thompson, professeur à Glascow, d'entreprendre à cet égard des expériences, et d'en publier les résultats sous une forme claire et facile à saisir.

M. Thompson n'a donné encore qu'une portion de son travail, celle qui se rapporte à l'alimentation des vaches laitières. Son livre est demeuré ignoré du public français; nous avons espéré faire chose utile en essayant d'en donner une traduction exacte. Nous avons eu le soin d'indiquer à quelles mesures françaises correspondaient les mesures employées par le savant écossais; nous avons, en quelques endroits, joint au texte de courtes notes qui renferment des indications qu'on nous saura peut-être quelque gré d'avoir réunies.

Nous ne prétendons pas que les expériences de M. Thompson doivent guider les cultivateurs français dans le choix des aliments qu'ils donneront à leurs vaches. Il faut tenir compte des différences entre les productions et le climat des deux pays, entre les habitudes et les différences de race de notre bétail et de celui qui foule les pâturages qu'arrose la Clyde. Ce que nous espérons, ce que nous souhaitons, c'est que la méthode suivie dans les expériences dont nous donnons le tableau, trouvera chez nous des imitateurs éclairés; c'est que des recherches semblables seront entreprises avec le scrupule et la persévérance dont le chimiste de Glascow a donné l'exemple.

En fait d'investigations de ce genre, nous serions inexcusable de ne point citer les expériences dont M. Boussingault a consigné les résultats dans le tome II de son savant travail sur *l'Economie rurale considérée dans ses rapports avec la physique, la chimie et la météorologie* (Paris, 1844, 2 vol. in-8°). Ces expériences, sur lesquelles on peut consulter également les *Annales de chimie et de physique* (2e série, tome LXI), ont servi à rechercher les effets d'un régime de foin seul, de navets et de paille hachée, de pommes de terre crues et salées, de foin combiné avec le trèfle vert, du trèfle vert donné seul, etc. Elles n'ont été suivies que sur un seul animal, et, quel que soit le degré d'intérêt très-réel qu'elles présentent, on ne saurait les regarder que comme des essais dignes d'ouvrir une voie dans laquelle les agriculteurs doivent s'empresser de marcher, en prenant pour guide le traité de M. Robert Dundas, traité qu'un des plus illustres agronomes de la Grande-Bretagne qualifiait naguère d'écrit aussi substantiel que rempli d'aperçus nouveaux et de résultats du plus vif intérêt.

Le Congrès agricole, qui vient en ce moment même de clore ses séances, a émis le vœu que le gouvernement ordonne des expériences sur l'alimentation des vaches laitières, et qu'il fasse publier les faits auxquels amènera cette investigation. En attendant que ce travail s'accomplisse, l'écrit que nous essayons de populariser en France sera sans doute consulté avec profit.

G. B.

RECHERCHES

SUR

L'ALIMENTATION DES BESTIAUX.

Le but de ce petit écrit est d'exposer les résultats auxquels nous ont amenés des recherches entreprises par ordre du gouvernement. Elles avaient d'abord pour but de déterminer l'influence réciproque de l'orge et de la drèche sur l'alimentation du bétail, et nous les avons étendues à diverses autres substances, afin de profiter de l'occasion qui s'offrait ainsi à nous d'étudier certains problèmes d'un intérêt réel, problèmes qui restent encore à résoudre, et sur lesquels l'examen attentif des faits peut seul jeter quelque lumière véritable.

Lorsque des expériences sont faites sur une petite échelle, il est nécessaire d'apporter un soin scrupuleux dans le choix des éléments qui doivent amener les résultats auxquels on prétend arriver. En entreprenant des expériences basées sur un plus grand nombre d'animaux, on pourrait, au premier coup-d'œil, se flatter d'atteindre une solution plus exacte du problème, mais il serait difficile d'apporter une attention parfaitement soutenue dans une suite d'essais nombreux, et plus difficile encore de les soumettre tous à une marche identique. En augmentant le travail, on accroîtrait les chances d'erreur, et je crois qu'en examinant les tables qui vont suivre, on reconnaîtra la force de cette observation. Il était nécessaire de choisir des vaches qui pussent donner des résultats *moyens*. Elles furent prises sur un troupeau considérable, et désignées par un agriculteur fort intelligent. L'une était blanche ou tachetée, et l'autre brune. La blanche possédait une qualité importante chez une vache laitière : elle avait de grands intestins et des poumons relativement petits. Elle avait mis bas depuis cinq ou six semaines, et elle avait vu le taureau quinze jours avant le commencement des expériences. La quantité de lait qu'elle donnait quand elle était au pâturage était de 10 quarts (11 litres, 36), ou 25 livres 12 onces environ (11 kilog. 587). Elle n'arriva qu'une seule fois, dans le cours de nos recherches, à cette même quantité. Cet animal était d'une tranquillité remarquable ; son âge était de cinq à six ans, et son poids, quinze jours après son arrivée, se trouva de 994 livres (447 kilog.).

La vache brune était, comme l'autre, de la race du Ayrshire. Elle donnait au pâturage de 9 à 10 quarts (10 litres 1/4 à 11 litres 1/3), quantité qui se trouva fort dépassée immédiatement après son arrivée, mais qui diminua graduellement et resta à peu près stationnaire jusqu'à la fin de nos investigations. Cette vache avait vu le taureau deux jours avant de nous être livrée, mais probablement sans l'effet voulu, car elle déployait par moments une grande irritabilité, et son regard devenait sauvage. Elle rendait moins de lait que la vache blanche, mais le beurre était en plus grande quantité. Son poids était de 967 livres 1/2 (435 kilog.); son âge, de cinq ans. Elle avait mis bas depuis cinq ou six semaines.

Il est inutile d'entrer ici dans une discussion fort controversée parmi les agriculteurs, et de rechercher à quelles formes on reconnaît la supériorité des vaches laitières. Les juges les plus compétents diffèrent à cet égard. On a trop fréquemment indiqué comme bons signes des circonstances anatomiques que la physiologie ne regarde point comme pouvant avoir un effet avantageux. Des expériences récentes, dirigées d'après des vues scientifiques, ont montré que la vigueur d'un être vivant, que le degré de puissance chez lui pour résister à la fatigue, tient principalement à l'exactitude des rapports entre la stature ou le développement musculaire et une division importante du système (telle que les organes de la respiration, par exemple). Un homme de six pieds de haut (1 mètre, 80) peut paraître bien proportionné, et toutefois il est avéré qu'une taille inférieure fournit, terme moyen, une plus grande énergie musculaire, par suite des rapports mieux combinés entre les importants organes qui sont nécessaires à l'exercice de la force. Ceci devient évident pour nous, aussitôt que nous songeons que la principale source du pouvoir animal est la respiration, ou cette fonction qui convertit certaines portions de la nourriture digérée en acide carbonique, en acide acétique et en eau, et qui met en jeu non seulement les poumons, mais encore tout le système capillaire de la peau (1). Une personne sujette à perdre haleine, ou qui a quelque chose de défectueux dans les organes respiratoires, est bien inférieure, quant aux moyens de soutenir la fatigue, à tout autre individu dont les poumons sont dans un état d'intégrité. La cause excitante de tout mouvement animal, c'est la respiration, la conversion du carbone et de l'hydrogène en acide carbonique et en eau, et il faut que l'oxygène de l'atmosphère ait accès à une certaine étendue de sang, afin de produire l'effet nécessaire. Tout obstacle qui entrave cette opération affaiblit la force musculaire. Les personnes les plus étrangères à la science reconnaissent cette vérité, car partout une poitrine large est regardée comme étant l'indice de la vigueur. Après s'être rendu compte de la relation entre les poumons et les muscles ou la chair, il sera facile d'apprécier celle entre les intestins et les poumons. Les intestins sont le réservoir où se place la nourriture dans le but d'être absorbée dans le sang. La rapidité avec laquelle les substances dissoutes ou digérées sont absorbées dépend de la puissance d'action des vaisseaux qui sont destinés à cette fonction. Ces vaisseaux sont mis en mouvement par le cœur, celui-ci par le système nerveux, et ce dernier

(1) Ces vues se trouvent grandement confirmées par les expériences fort ingénieuses de M. Hutchinson, dont les recherches sur la respiration sont d'une importance réelle pour la physiologie. Voir le *Journal de la Société de statistique de Londres*, juin 1844, et les *Transactions de la Société médico-chirurgicale de Londres*, mai 1846.

par la respiration : on découvre ainsi cette chaîne admirable qui lie, par une suite de rapports continus, l'oxygène de l'atmosphère et la nourriture absorbée.

Si le système que nous venons de décrire obéissait à un mouvement constamment uniforme, si rien n'intervenait pour troubler son équilibre, les animaux se trouveraient dans une condition pareille à celle des plantes qui possèdent un appareil absorbant, mais qui sont dépourvues d'un agent dont l'influence est bien grande dans l'économie animale, c'est-à-dire, du cerveau et du système nerveux, source des passions et des émotions de l'esprit. C'est principalement par l'étude de cet appareil important que nous arrivons à la connaissance de ce que nous appelons la constitution des animaux. Sans ce système, les animaux ne seraient que de simples machines chimiques.

Le canal intestinal peut donc être envisagé comme une vaste surface absorbante que maintient en équilibre une surface exhalante, les poumons et la peau. Pour stimuler le système nerveux, nous employons des substances excitantes, telles que l'alcool et les épices, qui accroissent la rapidité de l'absorption sans qu'il soit pourvu d'une manière convenable à l'exhalation de l'excès de nourriture introduite de la sorte dans le système. Ceci amène pour conséquence l'accumulation de la graisse, circonstance qui, lorsqu'elle acquiert un développement trop prononcé, constitue une véritable maladie (*polysarcia adiposa*). Pareil résultat se manifeste sur les animaux lorsque nous les bourrons de plus de nourriture que l'exhalation ne peut en dégager dans leur système. La graisse s'accumule, et lorsqu'elle s'entasse à un degré que les agriculteurs prennent trop souvent pour but de leur ambition, elle devient nuisible : il ne faut pas qu'il y ait dans les animaux destinés à la nourriture de l'homme cette surabondance de matière adipeuse qu'on remarque chez ces prodiges d'obésité auxquels on accorde trop d'éloges. Une nourriture convenable, un exercice sagement combiné, amènent la répartition du gras et du maigre dans les proportions que réclame l'hygiène, et donnent au bétail toutes les qualités qui conviennent le mieux à l'alimentation. Des émotions, des influences mentales produisent nécessairement un effet décidé sur l'action absorbante du canal intestinal, et peuvent déterminer l'absorption d'une moins grande quantité de nourriture; en ce cas, les produits que donne l'animal (le lait obtenu de la vache, par exemple) éprouvent nécessairement une réduction. Il faut ne point perdre de vue cette circonstance lorsqu'on considérera les expériences suivantes. La vache blanche était calme et d'humeur uniforme ; elle mangeait généralement d'égales portions et donnait d'égales quantités de lait. La vache brune montrait un appétit variable, et ses produits variaient aussi. Proportionnellement à son poids, elle consommait plus de nourriture que sa compagne, mais elle donna constamment moins de lait et plus de beurre. J'ai déjà dit qu'elle était sous l'influence d'une irritation nerveuse.

Le résultat de ces expériences tend à démontrer que la beauté des formes extérieures n'indique pas toujours chez une vache le plus haut degré de capacité dans la production du lait et du beurre, mais que cette régularité du corps, en témoignant d'une relation convenable entre les organes, doit promettre des produits satisfaisants et bien réglés. Quelques personnes ont cru que la couleur de l'animal exerçait quelque influence sur la quantité du lait obtenu. C'est une question qui réclamerait des expériences assidues sur des animaux différents; je ne crois pas toutefois que la couleur soit une circonstance vraiment importante dans l'objet que nous avons en vue.

Le lait fut pesé et mesuré chaque matin et chaque soir avec un soin minutieux; il en fut de même des excréments et de la nourriture. On laissait reposer durant vingt-quatre ou trente-six heures le lait du matin; il était ensuite écrémé, et la crême versée dans la baratte avec le lait du soir.

Les deux vaches furent prises au pâturage, et franchirent en chemin de fer un espace de 40 milles (64 kilomètres), circonstance qui peut expliquer quelques-unes des irrégularités et des anomalies qu'on rencontre dans leur histoire.

Première Expérience. — *Régime des herbes* (1).

VACHE BRUNE.

	Lait. liv. onc.	Herbes. liv. onc.	Excréments. liv. onc.	Poids de la vache.	Beurre. liv. onc.
1er jour.	26 11	93 5	79 13	»	
2 —	27 3	93 5	77 15	»	
3 —	24 14	100 »	67 1	»	3 15 »
4 —	26 12	100 »	68 8	»	
5 —	26 4	100 »	66 14	»	
6 —	25 5	100 »	76 »	»	
7 —	26 3	100 »	78 3	»	
8 —	24 12	100 »	71 14	»	4 6 4
9 —	24 »	100 »	59 12	967 1/2	
10 —	22 2	120 »	64 8	»	
11 —	21 5	100 »	74 6	»	
12 —	22 9	120 »	78 11	»	
13 —	21 12	100 »	87 7	»	2 15 »
14 —	22 12	100 »	97 10	986	
	342 14	1426 12	1049 2	Gain 18 1/2	11 4 4

VACHE BLANCHE.

	Lait.	Herbes.	Excréments.	Pds de la vache.	Beurre.
1er jour.	23 4	93 5	70 9	»	
2 —	21 10	93 5	70 »	»	
3 —	22 1	100 »	70 3	»	3 2 4
4 —	23 6	100 »	62 4	»	
5 —	25 15	100 »	67 11	»	
6 —	21 14	100 »	66 8	»	
7 —	22 5	100 »	72 2	»	
8 —	20 3	100 »	62 4	»	2 15 12
9 —	22 3	100 »	74 3	993	
10 —	20 »	120 »	66 1	»	
11 —	18 12	100 »	61 3	»	
12 —	20 14	120 »	79 10	»	
13 —	20 11	100 »	86 9	»	2 » »
14 —	21 5	100 »	90 13	1044	
	304 13	1426 12	1000 7	Gain 50	8 2 »

(1) Nous avons cru devoir, dans ce tableau, conserver l'indication des mesures anglaises ; leur conversion en mesures françaises aurait rendu fort difficile de saisir le rapport *à tant pour cent*

L'herbe donnée en nourriture était exclusivement du ray-grass (*lolium perenne*); son analyse (1) et celle des excréments donna les résultats suivants :

	Herbes.	Excréments.
Eau..........................	75 »	88 33
Sels solubles.................	1 34	» 40
Silice et sels insolubles...		1 35
Matière organique	23 66	9 92
	100 »	100 »

Ainsi la matière solide dans les aliments de la vache brune fut de 356 livres (161 kilog. 268) et de 147 livres (66,591 kilog.) dans ses excréments. Quant à la vache blanche, les aliments présentent aussi le chiffre de 356 livres ; ses excréments ne donnèrent que 140 livres de matière solide. Nous trouvons donc en tout une quan-

du poids du lait et des excréments comparé au poids du fourrage donné comme aliment. La proportion sera d'ailleurs facile à saisir, et l'on trouvera que pour la vache brune, par exemple, 646 kilog. d'herbes ont correspondu à 154 kilog. 80 de lait et à 475 kilog. 70 d'excréments, ce qui établit, en cette circonstance, le rapport suivant : pour 100 kilog. de fourrage, 23 kilog. 84 de lait et 73 kilog. 67 d'excréments.

(1) Le *ray-grass anglais* ou *ivraie vivace* est en grande faveur dans la Grande-Bretagne. Lorsqu'on la fait pâturer, elle forme un gazon serré qui repousse avec force. Lorsqu'on la fauche, elle ne donne qu'une pousse pour la faux, mais elle fournit ensuite un excellent pâturage. On la coupe avant sa floraison, parce que plus tard les tiges seraient trop dures. Elle donne un fourrage très-substantiel ; elle a l'avantage de produire une graine très-abondante et facile à recueillir. (J. Martinelli, *Manuel d'agriculture*, 1843, p. 272.)

tité de 425 livres (192 kilog. 52) avalée par les deux vaches (1).

Voici quelle fut la composition du lait :

	Vache brune.	Vache blanche.
Pesanteur spécifique......	1029 08	1029 08
Eau..........................	87 19	87 35
Beurre........................	3 70	» »
Sucre.......	4 35	» »
Caséine......................	4 16	» »
Sels solubles................	» 15	» » 56
Sels insolubles.............	» 44	» » 88

Il résulte des expériences ci-dessus que la même quantité de nourriture donnée à des vaches à peu près du même poids a produit 5 livres de moins de matière solide de lait dans une vache que dans l'autre. En terme moyen, nous trouvons 16 1/2 livres de lait sec produites par 100 livres de matière solide herbacée.

Les deux vaches augmentaient de poids, mais les progrès de la blanche sous ce rapport étaient plus rapides, et il est probable que la différence dans la quantité de lait solide peut avoir été appliquée à l'augmentation du poids de l'animal. Il y a aussi une autre supposition admissible : la capacité des poumons et les organes res-

(1) M. Dundas Thompson a eu soin de noter la température de chaque jour durant les expériences ci-dessus, lesquelles durèrent du 10 au 23 juin. Cette température varia de 57 à 69 degrés Fahrenheit (13 degr. 90 à 20 degr. 55 centigrades). En général, la quantité obtenue de lait parut un peu plus considérable les jours où le thermomètre était le plus élevé ; mais bien d'autres causes que l'élévation de la température pouvaient contribuer à ce résultat.

piratoires présentaient chez la vache blanche plus d'ampleur que chez la brune ; la première absorbait une plus grande masse des matières solides contenues dans l'herbe, comme le montre la différence entre l'herbe et les excréments. Ces différences dans la condition physiologique des animaux devaient influer sur les résultats obtenus ; mais en fournissant à chaque vache même nourriture, en tenant un compte scrupuleux des variations dans les produits constatés, on pouvait arriver à des données qui avaient toute l'exactitude possible. Nos recherches se composent ainsi de deux séries d'expériences parallèles, la seconde étant destinée à contrôler les erreurs qui auraient pu se glisser dans la première.

L'analyse de l'herbe et des excréments donna les résultats suivants :

	HERBE		EXCRÉMENTS	
	Fraîche.	Séchée à 212 deg. (1)	Frais.	Séchés à 212 d.
Carbone.......	11 34	45 41	6 40	45 74
Hydrogène...	1 48	5 93	» 78	5 64
Nitrogène....	» 46	1 84	» 25	1 81
Oxygène......	10 39	41 54	5 20	37 03
Cendre........	1 32	5 28	1 37	9 78
Eau...........	75 »	» »	86 »	» »
	100 »	100 »	100 »	100 »

(1) 212 degrés Fahrenheit correspondent à 82 degrés 22 du thermomètre centigrade.

Table montrant le montant en livres pesant du carbone, etc., contenus dans la nourriture et les excréments durant quatorze jours.

VACHE BRUNE.

	Herbe. liv.	Excréments. liv.	Consommation. liv.
Carbone	161 3/4	67	94 3/4
Hydrogène	21	8	13
Nitrogène	6 1/2	2 7/10	3 8/10
Oxygène	148	54 1/2	93 1/2
Cendre	18 3/4	14 1/3	4 4/10
Eau	1070 3/4	902 1/2	167 1/2
	1426 3/4	1049	377

VACHE BLANCHE.

	Herbe. liv.	Excréments. liv.	Consommation. liv.
Carbone	161 3/4	64	97 3/4
Hydrogène	21	7 3/4	13 1/4
Nitrogène	6 1/2	2 1/2	4
Oxygène	148	52	96
Cendre	18 3/4	13 3/4	5
Eau	1070 3/4	860	210 3/4
	1426 3/4	1000	426 3/4

La vache brune consommait ainsi par jour 6 3/4 livres (3 kilog. 057) de carbone; c'est, à bien peu de chose près, l'équivalent d'une once (28 grammes, 338) de carbone pour chaque 9 livres 1/3 (4 kilog. 228) du poids de l'animal. De son côté, la vache blanche consommait près de 7 livres de carbone (3 kilog. 171) par chaque 8 3/4 livres de son poids (3 kilog. 963) (1).

(1) Pour faire mieux comprendre cette assertion importante au point de vue de la physiologie animale, nous calculerons que

La table suivante donne la moyenne de leur consommation en tout genre :

Carbone...........	6 liv.	87	3 kil.	112
Hydrogène........	»	93	»	421
Nitrogène.........	»	28	»	126
Oxygène..........	6	76	3	062
Cendre.............	»	33	»	149
Eau..................	13	50	6	117
	28	67	12	987

On sera peut-être surpris que ces animaux aient ingéré autant de matière, mais on n'aura pas de peine à se rendre compte de cette circonstance : l'estomac d'une vache est très-vaste ; il peut contenir plusieurs gallons de liquide (1), et cet organe demande à être rempli, afin qu'une excitation mécanique se communique aux membranes qui en forment l'enveloppe. Nous voyons alors pourquoi un régime condensé, tout en contenant assez de substances nutritives pour soutenir le corps, ne possède pas assez de carbone pour donner à l'estomac cette stimulation qui amène la sécrétion des sucs gastriques, et la digestion s'opère d'une façon incomplète. C'est ce qui est cause de l'insuffisance du grain et de tout aliment farineux pour nourrir les bestiaux ; ils réclament en outre une certaine quantité de foin ou de paille, afin de *remplir* l'animal (selon l'expression vulgaire), mais, au fond, afin d'exciter l'estomac à l'acte de la sécrétion.

la consommation journalière de carbone était, chez la vache brune, et avec le poids de l'animal, dans le rapport de 0,698 à 100. Chez la vache blanche, semblable proportion était de 0,704 pour cent.

(1) Le gallon correspond à 4 litres, 54.

Il y a un siècle environ que Beccaria, de Bologne, émit l'idée que les êtres vivants sont composés des mêmes substances que celles qui leur servent de nourriture. Depuis, le docteur Prout a soutenu la même doctrine; il a signalé le lait comme le type de la nourriture; les principaux éléments constitutifs de ce liquide sont: l'huile, la fibrine et le sucre (1); le docteur en conclut que ces corps ou d'autres analogues doivent entrer dans la composition de tout aliment salutaire. Plus récemment encore, une divergence d'opinion s'est émise au sujet du rôle exact que l'amidon ou le sucre joue dans l'économie animale. Les matières fibrineuses éprouvent (on en convient généralement) peu ou point d'altération dans le système; mais il s'est élevé de longs débats sur la question de savoir si, pour produire de la graisse dans un animal, il est nécessaire que les aliments renferment de l'huile, et si quelque autre genre de nourriture peut produire cette substance. Liebig maintient que l'huile peut s'assimiler au beurre, se convertir ainsi, mais que le même effet peut résulter de la désoxygénation de l'amidon ou du sucre dans l'économie animale. La solution de ce problème n'est point d'une médiocre importance pour l'agriculteur; elle doit lui inspirer l'idée de choisir pour l'alimentation des animaux diverses substances qu'il aurait pu méconnaître, et elle doit le

(1) Pour l'analyse du lait, on peut consulter un mémoire de M. Peligot, dans les *Annales de physique et de chimie* (2e série, tom. LXII). Voir aussi l'ouvrage déjà cité de M. Boussingault, tom. II, p. 375 et suiv., et surtout un mémoire fort important de M. Quevenne, *Annales d'hygiène publique*, tom. XXVI (1841), p. 1-125 et 257-380.

conduire à de judicieuses méthodes pour la préparation des aliments, sujet qui n'a point encore attiré l'attention qu'il mérite. En poursuivant les recherches que nous exposons ici, nous avons eu en vue de jeter quelque lumière sur ce sujet intéressant ; nous avons enregistré avec soin les expériences qui devaient nous fournir des données propres à calculer, d'après les diverses espèces d'aliment, l'origine probable de la matière huileuse sécrétée par les animaux. Pour résoudre la question, il est nécessaire de déterminer la quantité d'huile contenue dans la substance alimentaire. Afin d'arriver à fixer ce point quant à l'herbe, nous la fîmes sécher à une température de 212 degrés Fahrenheit, dans le but de faire disparaître l'eau ; elle fut ensuite plongée dans des portions successives d'éther jusqu'à ce que ce liquide cessât d'enlever quelque matière en solution. Pareilles expériences eurent lieu au sujet des excréments. Le premier procédé donna toute la matière huileuse avalée par l'animal, et le second indiqua l'huile ou la cire (1) qui n'avait pas été absorbée dans la nutrition ; 2,000 grains d'herbe, lorsqu'elle eut été séchée, se réduisirent à 500 grains. Nous obtînmes, par suite du traitement par l'éther, 42,3 grains d'une substance qui nous offrit une consistance sèche, semblable à celle de la cire, possédant une couleur verte-noire sans aucun des caractères de l'huile fluide. 4,284 grains d'excréments humides fournis par l'usage exclusif de l'herbe, et équivalant à 500 grains

(1) J'ai employé le mot *cire* comme traduction littérale de l'expression anglaise, *wax*, et comme étant plus laconique ; mais le sens dans lequel il faut prendre ce mot est celui de *matière grasse*. (*Note du traducteur.*)

d'excréments secs, rendirent 13,2 grains d'une matière cireuse verte, exactement semblable à celle qu'avait présentée l'herbe. On voit que cette matière était dans la proportion de 2,01 pour cent quant à la masse de l'herbe fraiche, et dans le rapport de 0,312 quant aux excréments. Ce fut lorsque les animaux étaient nourris de foin qu'ils donnèrent le plus de cire dans leurs excréments; 1,000 grains soumis à une température de 212 degrés, laissèrent 157 grains d'excréments secs qui rendirent 6 grains de cire, équivalant à 0,6 pour cent sur les excréments humides, ou à 3.82 pour cent sur les excréments secs. Tous ces produits furent soigneusement séchés durant quelques jours à la température de l'eau bouillante. Ces données nous mettent à même de dresser la table suivante :

	livres.	kilog.
Montant de la cire dans les aliments des deux vaches durant quatorze jours	57 3	25 956
Montant de la cire dans les excréments	6 3	2 854
Cire consommée par les vaches	51 »	23 102
Montant du beurre sec	16 7	7 555
Excès de cire dans la nourriture	34 3	15 547

Afin de vérifier si le beurre tout entier est séparé du lait par le procédé du battage, nous soumîmes à l'analyse des portions de ce lait. Le lait de la vache brune, dans l'expérience actuelle, contenait 3,46 pour cent de beurre, tandis que l'analyse y faisait reconnaître 3,7. Cette différence de moins d'un quart de livre sur 100 livres de lait est trop minime pour affecter les calculs précédents.

Il est nécessaire d'observer que le beurre obtenu à

l'aide des procédés mécaniques habituels contient des matières étrangères, consistant en eau et en caséine. L'analyse fit reconnaître dans le beurre la composition suivante :

Caseine	0,94
Huile	86,27
Eau	12,79

M. Boussingault a trouvé pour le beurre une composition différente ; il y a rencontré jusqu'à 18 pour cent et au-delà d'impuretés. Cette différence peut provenir de la fraicheur de la température lorsque nos expériences furent faites.

Il nous faut passer maintenant à l'examen des substances alimentaires que nous avons successivement données à nos vaches.

Les effets nutritifs de l'herbe varient d'une manière notable suivant l'*âge* du fourrage et suivant son espèce. Il y a là des questions qui appellent encore un examen sérieux, puisque des chimistes qui ont déjà analysé le fourrage vert et le foin, ont omis d'indiquer le nom que donne la science botanique aux plantes qu'ils ont analysées. J'ai déjà dit que, dans toutes nos expériences, j'ai employé le *ray-grass* ou *lolium perenne*.

Le docteur Willis et M. Boussingault ont l'un et l'autre publié des analyses du foin, mais sans indiquer de quelle plante il provenait. L'analyse du ray-grass m'a donné les formules suivantes :

	1.	2.	
Carbone	45 87	45 80	45 41
Hydrogène	5 76	5 »	5 93
Nitrogène	41 55	1 50	1 84
Oxygène		38 70	39 21
Corps fixes	6 82	9 »	7 61

La quantité de matière solide dans cette herbe variait de 18 à 30 pour cent et au-delà, suivant l'époque plus ou moins avancée de la pousse. Le ray-grass qui servit à ma première expérience contenait de 18 à 25 pour cent. C'est ce dernier chiffre que j'ai adopté dans mes calculs.

Lorsque l'herbe commence à se montrer au-dessus de la surface du sol, l'élément qui entre le plus dans la constitution des jeunes tiges, c'est l'eau; la matière solide ne se montre proportionnellement qu'en petite quantité. A mesure que l'herbe grandit, le dépôt de carbone sous une forme plus endurcie s'accroît graduellement; le sucre et la matière soluble augmentent d'abord, et diminuent ensuite pour faire place au dépôt de la substance ligneuse.

La table suivante indique la composition du ray-grass avant et après sa maturité :

	Eau.	Matière solide.
18 juin......	76 19	23 81
23 juin......	81 23	18 77
13 juillet...	69 »	31 »

Ces faits sont d'une haute importance pour l'agriculteur. Si, comme nous avons essayé de le démontrer, le sucre entre comme élément important dans la nourriture des animaux, il est essentiel de couper l'herbe destinée à se convertir en foin, au moment où il s'y rencontre le maximum de matière soluble dans l'eau, et ce moment arrive avant que l'herbe n'ait passé fleur; car alors domine la matière ligneuse, substance totalement insoluble dans l'eau, et par conséquent peu propre à servir de nourriture au bétail. Il faut donc *saisir* l'herbe à l'instant où elle est dans son état le plus favorable, et il est non moins important de la faire sécher de façon à conserver intégralement la portion soluble. Afin de vérifier si le foin, par suite des opérations qu'il doit subir, perd une partie de ses ingrédients solubles, nous nous sommes livrés aux expériences suivantes :

1° 3,000 grains de ray-grass, en fleur, le 13 juillet, ont donné à l'eau chaude un liquide épais et siropeux qui a été soumis à la dessication à 212 degrés jusqu'à ce qu'il ait cessé de perdre de son poids, et qui pesait alors 217,94 grains, soit 7,26 pour cent.

2° 2,500 grains traités à l'eau froide ont donné 53, 23 grains d'extrait, équivalant à 2,12 pour cent. Ce ray-grass contenait 31 pour cent de matière solide et 69 d'eau.

3° Du foin nouveau, fait de ray-grass et contenant 20 pour cent d'eau, pour faciliter la comparaison, a été soumis à de semblables épreuves.

1° 1,369 grains traités à l'eau chaude ont donné 220,77 grains d'extrait, soit 16,12 pour cent.

1,000 grains, 159,34, soit 15,93.
1,000 — 140,00, soit 14,00.

2° 1,000 grains de foin nouveau, digérés à l'eau froide, ont donné 101,3 grains d'extrait, soit 5,06 pour cent de matière soluble.

Ces chiffres nous montrent que 100 parties de foin équivalent à 387 1/2 parties d'herbe. Cette quantité d'herbe contiendrait 28,13 parties de matière soluble dans l'eau chaude, et dans l'eau froide 8,21. Mais la quantité équivalente de foin (en 100 parties) ne contient que 16 parties, au lieu de 28, solubles à l'eau chaude, et 5,06, au lieu de 8 1/4, solubles à l'eau froide. Une proportion considérable de la matière soluble de l'herbe a évidemment disparu dans la conversion de l'herbe en foin. Le résultat de la fenaison a donc été de rapprocher de la matière ligneuse l'herbe tendre et juteuse, en enlevant ou en décomposant le sucre et les autres principes solubles. Ces faits nous mettent à même d'expliquer pourquoi le bétail consomme le foin en quantité plus considérable que l'équivalent en herbe. Des animaux qui peuvent se contenter de 100 livres de fourrage vert seraient capables de se maintenir dans le même état en faisant usage de 25 livres de foin, si ce dernier ne souffrait pas de détérioration en séchant. Mais nos expériences nous ont montré qu'une vache qui réclamait 100 à 120 livres d'herbe avait besoin de 25 livres de foin et de 9 livres d'orge, ce qui nous fournit une nouvelle preuve de l'imperfection des méthodes employées pour la fenaison.

La grande cause de la détérioration du foin, c'est l'eau qui peut y être restée à la suite d'une dessication imparfaite. Cette eau amène une fermentation qui détruit le sucre, un des constituants les plus importants de l'herbe. La cause qui amène la décomposition du sucre est la présence de la matière albumineuse de l'herbe. Les éléments du sucre réagissent les uns sur les autres, dans l'état d'humidité où ils se trouvent par suite de la présence de l'eau et de l'huile, et ils se convertissent en alcool et en acide carbonique suivant la formule suivante :

	Carb.	Hydr.	Oxyg.
1 atome de sucre	12	12	12
2 atomes d'alcool	8	12	4
4 atomes d'acide carbonique	4	»	8

On peut fréquemment reconnaître la production de l'alcool dans une meule de foin échauffée, par la similitude de l'odeur qui se dégage avec celle qui se fait sentir dans une brasserie. Nous employons cette comparaison, parce qu'elle nous a été plus d'une fois suggérée par des agriculteurs. La quantité d'eau ou de matière volatile capable d'être séparée du foin à la température de l'eau bouillante, varie considérablement. Durant nos expériences elle a flotté de 14 à 20 pour cent. Si on pouvait arriver au plus bas de ces deux chiffres, en faisant tout simplement sécher le foin au soleil, nous n'aurions guère à nous préoccuper de méthodes d'amélioration ; mais le meilleur foin nouveau que nous ayons examiné offrait une plus forte proportion d'eau, il en contenait 20 pour cent environ ; et, dans un pareil état de choses, il est très-sujet à fermenter, surtout s'il est mouillé par quelque accident. Le seul moyen que nous ayons trouvé comme réussissant à conserver l'herbe parfaitement entière, c'est de la faire sécher par le moyen de la chaleur artificielle.

L'herbe contient, au commencement de la pousse, jusqu'à 81 pour cent d'eau, quantité dont on peut la débarrasser entièrement en soumettant l'herbe à une température bien au-dessous de celle de l'eau bouillante; même avec une chaleur de 120 degrés, la majeure partie de l'eau s'évapore, et l'herbe conserve encore sa couleur verte, caractère qui pourrait grandement ajouter à la satisfaction avec laquelle le bétail consomme le fourrage. En examinant cette *herbe séchée* (nous la nommons ainsi pour la distinguer du foin), on trouve qu'elle consiste en une série de tubes qui, s'ils sont placés dans l'eau, se rempliront de liquide ; elle reprendra ainsi, jusqu'à un certain point, son aspect primitif. Sous cette forme, elle sera fort du goût du bétail ; elle sera préférée au foin, qui, en comparaison, est sec et dénué de saveur. Les avantages que présente cette méthode de faire le foin, ou plutôt de conserver l'herbe dans un état sec, sont faciles à reconnaître. Par ce moyen, tous les principes constitutifs de l'herbe sont maintenus dans leur intégrité ; le sucre se trouve, par suite de l'absence de l'eau, à l'abri de la décomposition ; la matière colorante de l'herbe est relativement peu affectée, tandis que les sels solubles ne sont pas exposés au risque d'être entraînés par les pluies, comme dans le procédé ordinaire. Les expériences ci-dessus ont montré que le montant de matière soluble capable d'être enlevé par l'eau froide arrive jusqu'à 5 pour cent, ou jusqu'au tiers de ce qu'en ce genre contient le foin. Nous pouvons ainsi nous faire une juste idée de tout le mal que font les pluies qui viennent à tomber durant la fenaison. Ce n'est pas seulement à cause de la perte qu'il essuie en fait de sucre et de sels solubles que le foin devient bien moins que l'herbe susceptible de flatter l'appétit du bétail. En séchant au soleil, il est privé d'une particularité qui recommande aux animaux le fourrage frais : l'herbe, dépouillée de la matière qui la colore en vert, présente l'apparence de la paille.

La méthode que l'on suit en ce pays pour faire le foin, tend à enlever une grande partie de la cire contenue dans l'herbe. Nous avions trouvé que le ray-grass renfermait 2,01 pour cent de cire. Maintenant, comme 387 1/2 parties de ray-grass équivalent à 100 parties de foin et renferment 7,78 parties de cire, il est évident que 100 parties de foin doivent donner une pareille quantité de cire; mais l'expérience a montré que 200 grains de foin contenaient 4 grains de cire, soit l'équivalent de 2 pour cent; de sorte que, durant l'opération de la fenaison, il n'avait pas disparu moins de 5,78 grains de cire. En voyant l'herbe blanchir par l'effet de la dessication au soleil, il est facile de se convaincre que la matière verte colorante a subi un changement; mais on n'aurait pas supposé qu'elle eût disparu en aussi forte proportion, du moins qu'elle fût devenue insoluble dans l'éther.

C'est surtout dans les pays pluvieux, ou lorsqu'à l'époque des foins il y a eu beaucoup de mauvais temps, qu'il faut avoir recours à la dessication artificielle. Il est très-dangereux de donner aux animaux du foin en état de décomposition. Tout aliment dont les particules sont dans un état de fermentation ou de putréfaction doit tendre à produire une décomposition semblable dans les fluides du système d'un être vivant. Auprès des villes manufacturières, il est bien facile de préparer du foin en abondance par le procédé que j'indique. La chaleur perdue des usines peut être conduite dans des appartements ou des constructions érigées à peu de frais; on couperait l'herbe au moment convenable, on l'apprêterait au séchoir, et en quelques heures elle serait propre à être liée en bottes. Lorsqu'il s'agit de donner au bétail ou aux chevaux le foin préparé de cette manière, on peut le faire tremper durant vingt-quatre heures avant de le livrer aux animaux, et on leur fera boire l'eau où il aura trempé et qui sera imprégnée de sucre et de sels solubles. On obtiendra ainsi, en conservant l'herbe, les moyens de continuer au bétail, durant l'hiver, sa nourriture d'été.

Les principes constitutifs de l'herbe qu'enlève la pluie, sont principalement le sucre et les sels solubles. La nature des sels inorganiques des tiges de l'herbe séchée, du foin et des grains, est énoncée dans la table suivante.

	Tiges.	Tiges.	Graines.
Eau	15 50	19 30	11 376
Matière organique	79 52	75 72	82 518
Cendre	4 98	4 98	6 070
	100 »	100 »	100 »

Table de la matière saline dans la tige et les graines du lolium perenne.

	Tiges.	Graines.
Silice	64 57	43 28
Acide phosphorique	12 51	16 89
Acide sulfurique	» »	3 12
Chlorine	» »	trace
Acide carbonique	» »	3 61
Magnésie	4 1	5 31
Chaux	6 50	18 55
Peroxyde de fer	» 36	2 10
Potasse	8 3	5 80
Soude	2 17	1 38

Il semble d'abord que le moyen le plus sûr pour déterminer, par la voie de l'expérience, les effets comparatifs de divers genres de nourriture serait d'accoutumer un animal à l'usage exclusif d'une certaine sorte d'aliment, et d'y substituer ensuite une quantité bien déterminée de la substance nourrissante qu'on veut étudier, et de calculer les résultats. La pratique nous conduit à un autre système d'investigation. La physiologie nous apprend qu'un animal, en accomplissant certaines fonctions, consomme chaque jour une quantité d'oxygène qui varie selon l'état de l'atmosphère, et suivant d'autres causes physiques qui ne sont pas toujours susceptibles d'une appréciation rigoureuse. Quand un animal n'obtient pas une quantité de nourriture suffisante pour réparer les pertes de son organisme, il voit sa force et son embonpoint diminuer. Ainsi, des expériences faites sans tenir compte de l'état physiologique des animaux, mèneraient à des résultats peu sûrs. Nous avons souvent eu sous les yeux des exemples de cette vérité. Si une vache ne reçoit durant deux jours qu'une quantité insuffisante de nourriture, le déchet sur son poids, la diminution sur son lait attesteront cette insuffisance, et il lui faudra, pour reprendre sa force, au moins le double du temps qu'elle a mis à la perdre. Cette règle s'applique également à la diète chez l'homme. Une augmentation de travail chez des marins, chez des prisonniers, réclame une augmentation de nourriture; une courte promenade de la part d'un individu renfermé dans une étroite prison, demande un accroissement dans la quantité des aliments. Une légère augmentation dans la température ou l'influence irritante des insectes diminuera le lait d'une vache, et indique qu'il y a convenance à accroître la quantité de fourrage. Les deux premières des expériences suivantes démontrent ces assertions. Tant que nous donnâmes de l'orge et de la drèche, nous limitâmes l'emploi de l'herbe, mais ensuite le foin fut donné à discrétion.

Seconde Expérience. — *Orge (entier) trempé dans l'eau bouillante.*

VACHE BRUNE.

Jour.	Lait.	Nourriture. Orge.	Nourriture. Herbe.	Excrémts.	Poids de l'animal.	Beurre.
	liv. onc.	*liv.*	*liv.*	*liv. onc.*	*liv.*	*liv. onc.*
1	22 11	2 1/2	90	84 4	986	
2	21 12	2 1/2	90	85 11	»	
3	23 4	2 1/2	90	96 4	»	
4	21 12	2 1/2	90	72 9	»	3 13 9
5	22 7	2 1/2	90	80 5	»	
6	20 12	2 1/2	90	77 12	1009 1/2	
7	20 15	7 1/2	70	78 7	»	
8	19 1	7 1/2	70	71 8	»	
9	18 8	7 1/2	80	64 4	»	3 3 9
10	17 15	7 1/2	80	61 9	»	
11	17 5	2 1/2	100	65 »	979	
	262 8	47 1/2	940	835 1	Perte 7 1/2	7 1 3

VACHE BLANCHE.

Jour.	Lait.	Nourriture. Orge.	Nourriture. Herbe.	Excrémts.	Poids de l'animal.	Beurre.
1	21 15	2 1/2	90	82 11	1044	
2	21 3	2 1/2	90	87 7	»	
3	21 13	2 1/2	90	86 10	»	
4	21 2	2 1/2	90	97 1	»	2 8 »
5	20 1	2 1/2	90	83 1	»	
6	18 14	2 1/2	90	87 7	1013 1/2	
7	18 7	7 1/2	70	83 12	»	
8	19 1	7 1/2	70	83 6	»	
9	18 13	7 1/2	80	60 10	»	2 10 »
10	18 11	7 1/2	80	68 1	»	
11	19 9	2 1/2	100	66 12	1010	
	219 15	47 1/2	940	887 3	Perte 34	5 2 »

Les résultats de cette expérience et de la suivante montrent l'importance de réduire la nourriture à un juste état de division. Avant que cette épreuve n'eût été tentée, les deux animaux gagnèrent en poids, comme on le verra en consultant le tableau des expériences sur l'effet de l'herbe comme aliment. En calculant la valeur de l'orge, comme substance alimentaire, d'après la quantité de nitrogène qu'il contenait, on trouva que 2 1/2 livres d'orge renferment autant de substance albumineuse que 10 livres d'herbe. Le résultat de l'expérience montre toutefois que, bien que ce fait puisse être exact, les conditions de l'épreuve ne furent pas telles, qu'elles purent empêcher les animaux de perdre sous le rapport du lait et sous celui du poids. Le véritable motif de ce mauvais effet semble avoir tenu à ce que la digestion de l'orge a été, en quelque façon, contrariée par suite du manque de pouvoir, dans les organes des animaux, pour briser la pellicule du grain.

Les données qui ont servi de bases aux calculs précédents sont comprises dans la table que voici, et qui résulte d'expériences réitérées :

Eau et matière solide dans la nourriture.

	Lait.	Excréments.	Herbe.	Orge.
Matière solide.....	12 6	13 46	31	90 54
Eau................	87 4	86 54	69	9 46

Le lait de la vache blanche offrit, le 2 juillet (9e jour de l'expérience), la composition suivante, la pesanteur spécifique étant 1,032 :

Eau............................	87 40
Sels solubles..................	» 17
Sels insolubles................	» 42
Beurre......................... }	
Sucre.......................... }	12 01
Caséine........................ }	

A plusieurs reprises nous ne trouvâmes dans la quantité d'eau contenue dans le lait des deux vaches que des variations de quelques décimales (1). En comparant cette expérience avec la première, en examinant la table n° 1 de l'*Appendice*, on trouvera que, tandis que 100 livres d'herbe sèche produisent environ 11 1/2 livres de lait sec, 100 livres d'herbe sèche et d'orge entier mêlés ne donnent que 8 1/2 livres. L'herbe seule produit une plus grande quantité d'excréments que le mélange d'herbe et de fourrage, 100 livres d'herbe ayant produit 33 1/2 livres, tandis que le mélange ne donna que 30 livres ; mais 100 livres d'herbe consommée, c'est-à-dire, de l'herbe entrée dans l'alimentation de l'animal et non rejetée par la défécation, ont produit 17 1/2 livres de lait sec, tandis que 100 livres d'herbe et d'orge mêlés n'en forment que 12 livres. Ceci pourrait provenir de ce qu'il se trouvait réellement plus de matière solide dans l'herbe que dans la quantité de foin employée comme équivalent ; mais la chose devient moins claire lorsque nous considérons qu'une portion de l'orge fut rejetée entière avec les excréments. L'explication la plus vraisemblable de cette anomalie, c'est que les matières fécales varient un peu dans leur composition, et la petite différence de 3 1/2 livres peut surgir de cette cause de perturbation dans le calcul. Une autre conséquence importante de ces deux expériences, sous le rapport de l'économie animale, c'est que la quantité totale de matière qui entre chaque jour dans la circulation est moindre lorsqu'on a recours à l'herbe seule,

(1) Le rapport ci-dessus de 87,40 est exactement le même que celui qu'ont donné, terme moyen, douze expériences faites à Bechelbronn ; Haidlen obtenait, de son côté, 87,3. (Voir l'*Economie rurale*, etc., II, 373.)

que lorsqu'on emploie une alimentation mélangée, la consommation journalière des deux vaches étant en total de 33 1/2 livres d'herbe sèche pour les deux vaches, et de 42 livres de nourriture mélangée, la différence étant ainsi de 4 1/2 livres par tête. Ce fait peut s'expliquer ainsi : il y a plus de difficulté à digérer l'herbe dont le volume est considérable, qu'à absorber les éléments de l'orge détrempé, dont une grande portion est en solution avant d'être introduite dans l'estomac, et qui peut, en partie, s'employer avec plus de rapidité dans l'action qui produit la chaleur, et trouver aussi, comme excrétion liquide, les moyens d'évacuation.

En recherchant la composition de l'orge (1), nous avons trouvé :

	1.		2.	3.	4.
Carbone...	46 11	41 64			
Hydrogène	6 65	6 2			
Nitrogène.	1 91	1 81	2 01	1 98	1 95
Oxygène...	42 24	38 28			
Corps fixes	3 9	2 79			
Eau.........	» »	9 46			
	100 »	100 »			

En comparant les résultats des diverses expériences que nous avions suivies de l'œil le plus attentif, nous avons trouvé que :

100 livres d'un mélange d'orge, de foin et d'herbe produisirent 8,17 livres de lait.

(1) D'après M. Boussingault (I, 467), l'orge contient, sur 100 parties, 68,6 de farine, 18,4 de son, 13 d'eau. Desséché, il a donné 0,0214 d'azote qui représente 13,4 pour cent de gluten et autres principes azotés.

100 livres d'un mélange de drèche et de foin produisirent 7,95 livres de lait.

100 livres du premier mélange donnèrent 1,95 beurre, et 100 livres du second 1,92.

Avant l'expérience à l'orge, les animaux pesaient 2,022 livres (915 kilog. 966), et après qu'elle eut eu lieu 2,111 (954 kilog. 283). Gain, 89 livres (40 kilog. 317). Après le régime de la drèche, ils pesaient 2,069 livres (937 kilog. 257). Perte, 42 livres (19 kilog. 026).

L'usage de la drèche se trouva donc fâcheux sous le rapport des produits comme sous celui du poids et de la force des animaux, tandis que celui de l'orge était favorable. Il faut d'ailleurs remarquer que nous donnâmes la drèche en plus grande quantité que l'orge. Si nous pouvons le faire comme terme de comparaison, nous calculerons que :

100 livres d'orge produiraient 34,6 livres de lait sec, 7,66 livres de beurre.

100 livres de drèche donneraient 26,2 livres de lait sec, 6,35 livres de beurre.

L'analyse chimique de l'orge et de la drèche explique ces divergences, et il est curieux de voir combien les faits pratiques s'accordent avec les résultats des analyses faites dans les laboratoires. Les sels solubles sont fortement réduits dans la drèche ; il faut donc une plus grande quantité de cet article que d'orge pour produire le sel d'une quantité donnée de lait. La quantité de nitrogène est inférieure à celle que contient l'orge ; de sorte qu'à poids égal la drèche est inférieure à l'orge sous le rapport de la puissance nutritive; tandis que la quantité de sucre étant plus grande, le poids obtenu en beurre peut être égal, ou à peu près, à celui qu'on obtient de l'orge, ainsi que le montrent quelques-unes des expériences ci-dessus.

La recherche de l'analyse organique de l'orge au moyen du chromate de plomb nous a donné la composition suivante (La première colonne représente la composition de l'orge dans son état naturel ; la seconde la montre telle que nous la trouvâmes après que l'orge eut été séché à une température de 212 degrés Fahrenheit) :

Carbone	41,64	46,11
Hydrogène	6,02	6,65
Nitrogène	1,81	2,01
Oxygène	37,66	41,06
Cendre	3,41	4,17
Eau	9,46	»
	100 »	100 »

En calculant d'après la composition de l'herbe et de l'orge, nous trouvons que les deux vaches consommèrent 304 1/4 livres de carbone durant la série de l'expérience, ainsi qu'une quantité proportionnelle des autres ingrédients. On remarque que quelques grains de l'orge furent rejetés entiers par la défécation, vingt-quatre, quarante-huit et même soixante-douze heures après avoir été avalés, de sorte que durant tout ce temps ils avaient dû séjourner dans quelque portion du canal alimentaire sans avoir subi nulle apparence de digestion.

En reconnaissant ainsi que, lorsque l'orge était donné entier, une partie considérable du grain échappait à l'action des organes digestifs, à cause de l'obstacle qu'opposait la pellicule, nous jugeâmes nécessaire de rechercher quel était l'effet du grain comme substance alimentaire, lorsqu'il avait été brisé par des moyens mécaniques.

Expérience relative à l'orge brisé.

VACHE BRUNE.

Jour.	Lait.		Nourriture. Drèche.	Orge.	Herbe.	Excrém.		Pds de la v.	Beurre.
	lic.	onc.	lic.	lic.	lic.	lic.	onc.	lic.	lic. onc.
1	21	12	3	6	80	83	8	1004	
2	20	5	3	9	80	84	4	»	
3	21	13	3	9	80	78	5	»	3 10 3
4	19	14	30 Foin.	9	»	86	4	»	
5	19	5	35	9	»	69	4	»	
6	20	12	35	9	»	82	11	»	
7	21	1	35	9	»	87	11	»	
8	22	1	13	9	26	100	5	984	
9	22	1	35	9	»	87	3	»	3 15 4
10	21	11	35	9	»	83	5	»	
11	22	5	28 3/4	9	»	80	10	»	
12	22	3	30	9	»	83	14	»	
13	22	7	21	9	»	80	3	1106 1/2	
14	22	1	30	9	»	55	7	»	3 15 6
15	21	5	30	9	»	69	14	»	
16	20	10	30	9	»	87	5	1036	

VACHE BLANCHE.

Jour.	Lait.		Nourriture. Drèche.	Orge.	Herbe.	Excrém.		Pds de la v.	Beurre.
1	22	»	3	9	80	84	1	1018 1/2	
2	22	6	»	9	80	80	10	»	
3	21	1	»	9	80	74	10	1068	3 3 4
4	22	4	30 Foin.	9	»	81	15	»	
5	20	13	35	9	»	82	14	»	
6	21	3	33	9	»	87	4	»	
7	21	7	35	9	»	87	2	»	
8	21	14	13	9	26	91	1	1020	
9	22	9	35	9	»	87	6	»	3 15 4
10	22	1	30	9	»	85	12	»	
11	22	10	27 1/2	9	»	72	8	»	
12	22	8	30	9	»	77	2	»	
13	22	8	25	9	»	81	9	1082	
14	21	12	30	9	»	82	7	»	3 6 4
15	21	2	30	9	»	87	3	»	
16	21	6	30	9	»	89	8	1075 1/2	
								Gain 57	10 8 12

La quantité de matière inorganique qui subsiste dans les diverses espèces d'orge varie considérablement. On doit s'y attendre d'après le fait généralement admis maintenant, que les principes azotés ou nutritifs des grains ou des semences sont en proportion avec la dose d'acide phosphorique qui s'y rencontre. *(Liebig.)* Ainsi, si la quantité d'acide phosphorique dans l'orge est faible, il en résultera un déficit proportionnel sur le montant du nitrogène, et l'effet alimentaire du grain sera comparativement médiocre, parce que la solubilité des matières albumineuses et leur facilité à être absorbées dans les plantes paraît dépendre de la présence des phosphates. Dans les analyses de ce genre qui ont été publiées, les chimistes ont omis d'indiquer si les pellicules étaient comprises dans le montant des grains qu'ils avaient brûlés. Cette omission a été réparée dans les résultats suivants. Dans les trois dernières expériences, 1,000 grains d'orge furent brûlés ; dans les premières, nous opérâmes sur 50 grains environ, mais la cendre était d'une blancheur parfaite et ne contenait pas la moindre trace de charbon.

Farine d'orge.

1re Expérience.	4,17	pour cent de matière	inorganique.
2e —	3,87	—	—
3e —	3,27	—	—

Orge entouré de sa pellicule.

4e Expérience.	3,20	pour cent de matière	inorganique.
5e —	3,02	—	—
6e —	2,70	—	—

Dans toutes ces expériences le grain avait été séché à

212 degrés. Les chiffres que nous avons obtenus diffèrent sensiblement de ceux que nous avons rencontrés chez d'autres observateurs. Saussure indique 1,80 pour cent; et Koechlin 2,70 pour le montant de la cendre trouvée dans l'orge, et ces deux savants avaient opéré sur de l'orge provenant des environs de Genève et de Neuchâtel.

Voici la composition de la cendre de l'orge, telle qu'elle s'offrit à nous :

Silice	29,67	pour cent.
Acide phosphorique	36,80	—
Acide sulfurique	0,16	—
Chlorine	0,15	—
Peroxyde de fer	0,83	—
Chaux	3,23	—
Magnésie	4,30	—
Potasse	16,00	—
Soude	8,86	—

Nous dûmes ensuite nous attacher à déterminer, comme points de comparaison, l'effet d'autres substances alimentaires dont l'emploi peut devenir important. Nous voulûmes constater les effets de l'alimentation à l'aide de l'orge et de la mélasse, de l'orge et de la graine de lin, et de la farine de fève (1). En continuant l'emploi de l'orge d'accord avec la mélasse et la graine

(1) Les recherches de M. Boussingault lui ont donné les résultats suivants :

Une vache nourrie uniquement au foin a donné	5 litres	6.
Nourrie avec des navets et de la paille hachée	6	—	»
Avec des betteraves et de la paille hachée	5	—	58.
Avec des pommes de terre crues et de la paille hachée	4	—	96.

de lin, nous voulions arriver à une appréciation plus prompte des résultats de la substitution d'une nourriture à une autre, pour soumettre l'animal à un changement complet de diète. Cette méthode nous fut suggérée par des considérations basées sur l'étude de la physiologie. L'expérience montra cependant que ces ménagements dans la transition n'étaient pas aussi nécessaires qu'on aurait pu le supposer, car un changement *entier* de nourriture fut souvent suivi d'un accroissement dans les sécrétions du lait et du beurre.

Orge et mélasse.

VACHE BRUNE.

Jour.	Lait.		NOURRITURE. Orge.	Mélasse.	Foin.	Excrém.		Pds de la v.	Beurre.		
	liv.	onc.	liv.	liv.	liv.	liv.	onc.	liv.	liv.	onc.	
1	18	8	9	»	25 1/2	84	10	1036			
2	22	1	9	3	23	85	9	»			
3	21	15	9	3	30	94	12	»	3	10	7
4	21	9	9	3	24 1/2	93	9	»			
5	21	1	9	3	30	97	13	»			
6	20	6	9	3	30	79	9	»			
7	19	13	9	3	26	77	13	»			
8	19	7	9	3	25	70	6	»	3	10	7
9	19	7	9	3	30	85	4	»			
10	19	3	9	3	26	81	14	1038			
	203	12	90	27	269	851	7.	Gain 2	7	4	14

VACHE BLANCHE.

Jour.	Lait.		Orge.	Mélasse.	Foin.	Excrém.		Pds de la v.	Beurre.		
1	20	9	9	»	23 1/4	87	»	1075 1/2			
2	21	9	9	3	30	87	5	»			
3	23	»	9	3	30	98	13	»	3	4	5
4	23	4	9	3	21	87	6	»			
5	23	7	9	3	30	84	4	»			
6	23	1	9	3	30	86	2	»			
7	22	5	9	3	26 1/4	80	12	»			
8	21	13	9	3	30	82	8	»	3	4	5
9	22	10	9	3	30	86	0	»			
10	22	7	9	3	26	86	1	1106			
	203	12	90	27	271	866	12.	Gain 30 1/2	6	8	10

Orge et graine de lin.

VACHE BRUNE.

Jour.	Lait.		Nourriture. Orge.	Mélasse.	Foin.	Excrém.		Pds de la v.	Beurre.		
	liv.	*onc.*	*liv.*	*liv.*	*liv.*	*liv.*	*onc.*	*liv.*	*liv.*	*onc.*	
1	19	10	9	3	24 3/4	75	6	992			
2	20	6	9	3	30	77	6	»			
3	20	»	9	3	26 1/4	81	10	»	3	11	8
4	20	8	9	3	27 1/2	82	8	992			
5	20	9	9	3	21	84	8	»			
6	20	8	9	3	30	86	11	»			
7	20	5	8	4	26 1/2	77	12	»			
8	20	13	6	6	30	70	1	»	3	7	»
9	22	2	6	6	22	76	5	»			
10	20	10	6	6	27 1/2	76	10	1027			
	205	10	80	40	267 1/2	789	1.	Gain 35	7	2	8

VACHE BLANCHE.

Jour.	Lait.		Orge.	Mélasse.	Foin.	Excrém.		Pds de la v.	Beurre.		
1	21	2	9	3	18 3/4	77	10	1056			
2	22	1	9	3	27 3/4	86	1	»			
3	22	4	9	3	25	87	7	»	3	6	8
4	23	11	9	3	25 3/4	87	7	»			
5	23	11	9	3	20 1/4	74	2	1050 1/2			
6	23	12	9	3	30	83	7	»			
7	23	5	8	4	27 3/4	70	6	»			
8	24	6	6	6	26	70	6	»	3	6	12
9	24	6	6	6	20	72	»	»			
10	21	13	6	6	28	76	5	1060			
	230	9	80	40	249 1/4	785	7.	Gain 4	6	13	4

Résultats de la nourriture de fève comme alimentation.

VACHE BRUNE.

Jour.	Lait.		Graine de lin.	Farine de fève.	Foin.	Excrémts.		Poids de l'animal.	Beurre.		
1	19	3	4	8	30	74	5	1023			
2	20	8	»	12	30	70	3	»			
3	19	»	»	12	28	74	12	»	3	11	10
4	19	10	»	12	28	84	3	»			
5	21	5	»	12	30	80	10	»			
	99	11	4	56	146	384	2				

VACHE BLANCHE.

Jour.	Lait.		Graine de lin.	Farine de fève.	Foin.	Excrémts.		Poids de l'animal.	Beurre.		
	liv.	*onc.*	*liv.*	*liv.*	*liv.*	*liv.*	*onc.*	*liv.*	*liv.*	*onc.*	
1	23	14	4	8	25	84	4	1060			
2	22	3	»	12	24	74	»	»			
3	21	2	»	12	20	64	8	»	3	12	6
4	22	13	»	12	20 1/2	60	1	»			
5	25	4	»	12	30	72	15	»			
	115	9	4	56	119 1/2	353	13				

Ces diverses tables nous font connaître les résultats suivants :

1° Quant au lait :

1,000 livres de foin, d'orge et de mélasse produisent, de lait sec, 80 livres 6, et 21 livres 9 de beurre.

1,000 livres de foin, d'orge et de graine de lin produisent, de lait sec, 84 livres 5, et 21 livres 5 de beurre.

1,000 livres de farine de fève produisent, de lait sec, 81 livres 3, et 22 livres 5 de beurre.

Si nous considérons le foin comme une quantité constante, nous avons les résultats suivants :

1,000 livres d'orge et de mélasse produisent 237 livres de lait et 64 livres 5 de beurre.

1,000 livres d'orge et de graine de lin, 257 livres de lait et 65 livres 7 de beurre.

1,000 livres de farine de fève , 252 livres de lait et 70 livres de beurre.

En examinant la table n° 3 de l'*Appendice*, nous remarquons les effets comparés de la graine de lin et des fèves, durant des périodes égales, sur la production du lait et du beurre (1). Dans le cas de la vache blanche no-

(1) Ceci est un fait fort digne d'examen. M. Boussingault ob-

tamment, les résultats ne présentent nulle incertitude, car, durant cinq jours, le lait produit par les fèves fut égal à la moyenne de celui qu'avait produit la graine de lin durant dix jours, la quantité de beurre sous l'influence de l'alimentation par les fèves étant plus considérable que sous l'empire de toute autre alimentation. Ceci est un fait important à l'égard de la source du beurre dans la nourriture, puisque les tourteaux oléagineux employés dans les expériences contenaient deux fois autant d'huile que la farine de fèves. Quant à la vache brune, la quantité de beurre fut aussi plus considérable sous l'influence des fèves que sous celle de la graine de lin, surtout durant la seconde période de cinq jours. La mélasse détermina aussi chez la vache brune une plus grande quantité de beurre que la graine de lin, et cette même quantité fut un peu inférieure à celle que produisirent les fèves. Ces faits ne s'accordent donc pas avec l'idée que la quantité de beurre que donne une vache est un indice de la quantité d'huile que contient la nourriture de cet animal; nous ne sommes donc pas fondés à recommander des aliments huileux comme préférables (pour la production du beurre et de la graisse dans les animaux) à d'autres aliments que l'expérience nous enseigne de-

serve que les renseignements parvenus à sa connaissance sur le rendement du lait en beurre sont assez vagues; il ne cite qu'une seule donnée obtenue sous ses yeux : 100 kil. de lait ayant donné 15 kil. 60 de crème, lesquels ont produit dans la baratte 3 kil. 33 de beurre et 12 kil. 27 de lait de beurre. En prenant le lait recueilli et traité à diverses époques de l'année, ce chimiste célèbre a trouvé que 16,391 kil. de lait ont produit 491 kil. de beurre frais, ou 3 pour cent.

voir conduire au même effet, quoiqu'ils soient moins riches en matière oléagineuse. L'usage constant de donner des tourteaux au bétail n'est pas un argument en faveur de l'importance de l'huile dans la formation de la graisse, puisque dans les tourteaux oléagineux il ne reste d'huile de lin ou de colza que ce que des moyens mécaniques puissants n'ont pu en extraire.

La composition chimique de la graine de lin et des fèves peut jeter quelque lumière sur les causes des différences entre les quantités produites que nous ont fait connaître nos expériences. Voici le tableau de la composition de ces deux substances, telle que nous l'avons déterminée par la combustion avec le chromate de plomb :

	GRAINE DE LIN.		FÈVES.	
		Séchée à 212 deg.		Séchées à 212 d.
Carbone.....	42 51	49 35	40 76	45 59
Hydrogène ..	6 22	7 26	» »	» » (1)
Nitrogène ...	3 78	4 41	4 13	4 61
Oxygène.....	26 35	30 68	» »	» »
Cendre.......	6 94	8 10	3 22	3 96
Eau	14 20	» »	10 60	» »

Table de la composition des cendres

	De la graine de lin.	Des fèves.
Silice	34 85	13 12
Acide phosphorique....	25 22	35 26
Acide sulfurique...... ..	2 85	1 29
Chlorine	Trace	1 75

(1) Il nous semble que l'analyse de la fève aurait dû constater également la présence de l'hydrogène et de l'oxygène ; mais nous reproduisons exactement les chiffres du professeur écossais.

Chaux............................	6 95	5 18
Peroxyde de fer..........	3 23	1 80
Magnésie....................	8 4	9 3
Potasse........................	16 85	23 15
Soude..........................	2 22	9 12

La prépondérance des sels alcalins dans la farine de fèves se révèle dans l'incinération, et il convient de la brûler à l'air libre. Les deux tableaux ci-dessus nous montrent qu'un poids donné de cendre de fèves contient une beaucoup plus grande quantité d'acide phosphorique qu'une quantité égale de graine de lin ; mais la cendre laissée par la graine de lin est double de celle qu'on obtient des fèves. La graine de lin renferme une grande quantité de silice et de sable qui est inutile au système animal. L'influence supérieure des fèves dans la production du lait et du beurre doit être attribuée à ce que les éléments du lait existent dans un équilibre convenable : ils rétablissent ainsi dans de justes proportions la déperdition du système animal.

Ces tableaux paraissent aussi fournir la preuve que le beurre des vaches ne saurait être le produit de l'huile et de la cire contenues dans la nourriture, puisque la majeure partie de la cire renfermée dans les aliments reparaît dans les matières fécales, étant expulsée de l'animal sans changement, tandis que le beurre et la cire contenus dans les excréments surpassent grandement tout ce qu'il y a d'huile et de cire dans les substances alimentaires. Ces circonstances nous permettent de douter que la cire du foin occupe une place quelconque dans la production de la graisse et du beurre des animaux. Dans toutes les expériences, la quantité de cire contenue dans les excréments s'est trouvée à peu près la même ; de sorte qu'il est fort probable que, si on avait extrait des matières fécales tout ce qu'elles contenaient de cire, on aurait trouvé que la quantité entière de cire renfermée dans les aliments avait été rejetée du corps de l'animal.

La seule énonciation de la quantité de lait que donne une vache, ne nous permet pas de juger de l'influence de telle ou telle nourriture à cet égard ; car il est une foule de circonstances accidentelles qui tendent à intervenir dans la marche naturelle du système animal. Notre série d'expériences a été prolongée au-delà de ce qu'on avait tenté jusqu'ici ; elle montrera des irrégularités qui dépendent de la condition où se trouvaient les animaux.

Les quantités de lait données par des vaches varient considérablement. Nous trouvons, dans des écrits assez récents, qu'une vache donnait 17 pintes d'Ecosse (28 litres 97), ou 64 livres 1/2 (29 kilog. 220) ; on a parlé d'une vache qui donnait 30 pintes d'Ecosse (51 litres 67) ou 115 livres 1/3, et qu'il fallait traire cinq fois par jour, de sorte qu'elle donnait à chaque fois 2 1/4 gallons de lait (10 litres, 25). Ce sont des cas extraordinaires et qui doivent s'entendre de vaches qu'on laisse paître du moins durant le jour. Nous nous rapprocherons davantage d'un terme moyen, lorsque nous saurons qu'une vache du comté d'Ayr donnait, en juillet 1845, 6 pintes d'Ecosse 1/2 ou 25 livres (11 litres, 20 ; 11 kil. 25), et qu'une vache d'Alderney rendait 6 pintes 3/4 (11 litr. 2/3). Souvent, sans cause bien apparente, le produit se trouve d'une quantité notable au-dessus ou au-dessous de ces chiffres. Dans diverses localités, aux environs de Glascow, le produit quotidien de chaque animal roule, terme moyen, de 12 à 14 pintes (6 litres, 82 à 7,95), soit 15 1/2 à 18 livres (7 kilog. 05 à 8,20).

Les vaches qui servirent à nos expériences venaient du comté d'Ayr; là chacune d'elles produisait 20 pintes ou 25 1/2 livres (11 litres, 40 ou 11 kil. 48). Quand les vaches ne sont sujettes à aucune restriction dans leur nourriture, quand elles sont en toute liberté de faire de l'exercice, quand elles sont presque dans un état de nature, elles absorbent une plus grande quantité d'éléments qu'un animal renfermé; en d'autres termes, il entre dans le système une dose plus considérable d'éléments susceptibles de concourir à la production du lait.

Pendant les sept jours qui suivirent leur arrivée à Glascow, étant renfermées dans une étable spacieuse et aérée, la vache brune donna plus de lait que lorsqu'elle était en pâturage, le produit ayant varié de 24 livres 3/4 à 27 1/2, et donnant le chiffre de 26 1/3 pour moyenne. Quant à l'autre vache, le résultat fut tout différent: la quantité de lait parut diminuer par suite de la séquestration, la moyenne des sept premiers jours étant de 22 livres 3/4. Il serait difficile d'expliquer cette différence autrement que par la supposition que la réclusion à l'étable était moins défavorable à la constitution d'un des animaux qu'au tempérament de l'autre. J'ai aussi signalé, dès le début de cet écrit (page 9) diverses causes qui méritent d'être prises en considération.

Durant les sept derniers jours de l'expérience, le produit du lait diminua chez les deux vaches; il n'offrit plus, pour la vache brune, qu'une moyenne par jour de 22 livres 1/5 (10 kilog. 06) au lieu de 26 1/3 (11 kilog. 93), et, pour la vache blanche, de 20 livres 1/2 (9 kilog. 28) au lieu de 22 3/4 (10 kilog. 30). Il y eut donc dans le produit quotidien du lait, entre le commencement et la fin de l'expérience, une différence de 4 livres (1 kilog. 81) pour la vache brune, et de 2 livres (0 kilog. 906) pour l'autre, bien que la quantité de nourriture qui leur était donnée demeurât la même (1).

Ce déchet provenait sans doute, en partie, de ce que l'animal était renfermé à l'étable, quoiqu'en examinant les tableaux on trouvera que presque toujours un changement de régime amène un accroissement dans le produit du lait, accroissement que suit une diminution lorsque ce régime a été continué durant quelques jours. Dans notre seconde expérience qui porta sur l'emploi de l'orge entier détrempé, la quantité de lait diminua très-rapidement : il y eut 5 livres (2 kilog. 27) de dif-

(1) On trouve dans l'ouvrage de M. Boussingault, que nous avons déjà cité (*Economie rurale*, Paris, 1844, t. II, p. 376), un tableau représentant la composition chimique de diverses espèces de lait. Après sa dessication et la combustion de son extrait, le lait laisse à peu près un demi-centième de cendres composées de sels solubles et insolubles dont la nature paraît constante, mais dont la proportion semble variable. Un chimiste allemand, M. Haidlen, a trouvé les sels suivants dans 100 parties de lait provenant de deux vaches différentes :

	I.	II.
Phosphate de chaux	0,231	0,344
Phosphate de magnésie	0,042	0,064
Phosphate de fer	0,007	0,007
Chlorure de potassium	0,144	0,183
Chlorure de sodium	0,024	0,034
Soude	0,042	0,045
	0,490	0,677

férence, quant à la vache brune, entre le premier et le dernier jour de l'expérience, et 2 1/2 livres (1 kilog. 13) quant à la vache blanche. Ceci venait de ce qu'une partie de l'orge était rejetée par les animaux sans être digérée. L'emploi de la drèche fit sur-le-champ augmenter le produit du lait, et il continua de s'accroître de jour en jour jusqu'à ce qu'il présenta, à la fin de l'expérience, une augmentation de 3 livres sur la vache brune et de 4 livres sur l'autre. Ceci s'explique sans peine : la drèche, étant beaucoup plus soluble que l'orge, n'était pas rejetée par les animaux, et, de fait, il ne s'en trouvait pas dans les matières fécales, tandis qu'il s'y rencontrait une quantité considérable d'orge. La seconde et la troisième expérience montrent que plus la nourriture est divisée, plus la production du lait s'accroît. Dans la quatrième expérience, sous l'influence de l'orge broyé, le lait de la vache brune subit une réduction de 1 livre 1/4 (0 kilog. 57) dans l'espace de seize jours, et celui de la vache blanche de 10 onces (0 kilog. 28). Dans la cinquième expérience, avec la drèche broyée, le lait de la vache brune diminua de 2 livres 1/4 en seize jours, et la réduction fut un peu plus forte sur celui de l'autre vache. Dans la sixième expérience, avec une plus forte quantité d'orge broyé, le lait de l'une et de l'autre vache continua de s'accroître jusqu'au quatrième jour et commença ensuite à diminuer. Dans la septième expérience, avec de la mélasse et de l'orge, le lait de la vache brune atteignit son *maximum* le second jour de l'essai, et il descendit ensuite jusqu'à la fin de l'expérience maintenue durant dix jours. Quant à la vache blanche, le *maximum* de la production du lait fut atteint le cinquième jour ; il y eut ensuite mouvement rétrograde jusqu'au terme de l'essai. Dans la huitième expérience faite avec de l'orge et de la graine de lin, l'augmentation du lait se maintint durant une plus longue période que de coutume ; la quantité la plus considérable donnée par la vache brune fut le neuvième jour, et par la vache blanche les huitième et neuvième jours. Sous l'influence de la farine de fève, dans la neuvième expérience, le lait continua de s'accroître jusqu'au cinquième jour, terme de l'épreuve. Les tableaux que nous avons dressés prouvent qu'un changement de diète est nécessaire aux animaux qu'on tient renfermés, et les résultats que nous obtenons sont complètement à l'appui de l'idée que j'ai émise, il y a quelque temps, au sujet du régime d'êtres humains détenus dans des prisons ou dans des maisons de secours. J'avançais qu'afin de maintenir la constitution de l'homme dans un état de santé, il était essentiel de faire varier convenablement le régime, et j'indique divers genres d'aliments comme présentant une série de mets à l'usage des classes pauvres (1).

(1) Voici quelques-uns des aliments qu'indique en note le professeur écossais :

Pour dix personnes.

20 liv. » de pommes de terre, à 2 1/2 cent. la livre.
5 liv. » de poisson salé, à 21 cent. la livre.
2 liv. 1/2 de lard ou d'issues de mouton, à 82 1/2 c. la livre.
Poivre, pour 5 cent.

Soit, par personne, 2 livres 8 onces (1 kil. 15), revenant à 17 3/4 cent. par tête.

20 liv. » pommes de terre.
3 liv. 1/2 issues de mouton, à 65 cent. chaque.
Oignons, 10 cent.; poivre, sel et farine, 20 cent.

Soit 2 livres 5 onces 1/2 par personne (1 kil. 06), revenant à 18 1/4 cent.

Dans deux maisons de refuge à Glascow, mes recommandations furent suivies, et, selon le rapport du trésorier, M. Liddel, les changements dans la nourriture choisie pour le dîner ayant eu lieu deux ou trois fois par semaine, les individus assistés en témoignèrent une vive satisfaction, et ce changement a pu contribuer à l'amélioration sanitaire qu'on a remarquée dans ces établissements. L'analogie qui subsiste entre la nature physique des êtres humains et celle de nombre de nos animaux domestiques nous donne le droit d'en conclure, d'après les règles de la physiologie, que leur régime alimentaire doit être guidé d'après des principes analogues. La variété de nourriture est utile non seulement à l'animal retenu dans nos étables, mais encore à celui qui vit dans un état plus rapproché de celui de la nature. C'est ce principe qui explique pourquoi les anciens pâturages naturels, offrant un grand nombre d'herbes diverses et de plantes, sont bien supérieurs, pour engraisser le bétail et pour former de bonnes vaches laitières, aux pâturages artificiels. Après avoir examiné avec attention nos expériences, on ne pourra douter que les bestiaux, les vaches surtout, ne se trouvassent très-bien d'un changement entier et très-fréquent dans leur alimentation. On pourrait aller jusqu'à dire que modifier chaque jour le régime de la nourriture serait chose convenable. Nous voyons, en effet (au sujet de la vache blanche), qu'en substituant l'orge et la mélasse à l'orge, il y eut accroissement sur le lait : en trois jours, il s'éleva de 21 livres 6 onces à 23,7 (de 9 kilog. 68 à 10 kilog. 58) ; en passant de la drèche à l'orge, le produit monta le premier jour de 19 livres 10 onces à 20,11 (de 8 kilog. 89 à 9 kilog. 35); en substituant l'orge à l'orge et à la graine de lin, il y eut augmentation le sixième jour, le produit étant monté de 21 livres 2 onces à 23 livres 12; enfin, dès le premier jour où nous donnâmes les fèves en place de l'orge et de la graine de lin, le progrès fut de 21 livres 13 onces à 23,14 (9 kilog. 82 à 10 kilog. 79).

Chez les deux animaux, c'est la drèche qui est au bas de l'échelle, fait qui semble en quelque façon militer contre l'idée que l'origine du beurre est dans le sucre contenu dans les aliments. Quoi qu'il en soit, nous pensons que les tables 2 et 3 de l'*Appendice* tendent à montrer qu'il n'existe pas de rapport entre le beurre du lait et l'huile et la cire des substances alimentaires, car, lorsque la nourriture présente peu de matières oléagineuses, le beurre est souvent plus abondant que lorsque ces mêmes matières sont en plus grande quantité. Admettons ainsi que ce n'est point de l'huile des aliments que provient le beurre; reste à déterminer un point d'un haut intérêt, reste à savoir d'où il vient, et quels sont les autres éléments dans l'alimentation qui concourent à le former sous l'influence du système musculaire. Le sucre est l'élément le plus convenable qui pourrait entrer dans cette production, et les principes albumineux peuvent également fournir du beurre. Ceci nous amène à conclure qu'un certain degré d'exercice est plus favorable à la production de la graisse chez les animaux qu'un repos absolu; la source de la graisse ou du beurre se rattache à l'action de la respiration, et, en encourageant cette fonction dans de justes bornes, on accroît la quantité des principes huileux répandus dans la nourriture et qui sont absorbés dans le système et convertis en graisse. Cette déduction théorique se trouve en harmonie avec l'expérience des bons observateurs, qui savent bien qu'il faut laisser faire quelque exercice aux bestiaux et aux vaches destinés pour l'abattoir ou pour la production du lait ; un confinement complet répugne à la nature de tout animal, et se trouve démenti par les plus simples notions de la physiologie.

Nos expériences nous autorisent donc à regarder la production de la graisse ou du beurre dans le lait comme s'opérant aux dépens des ingrédients calorifiants de la nourriture, aidés par la présence des principes nutritifs ou azotés ; c'est lorsque les ingrédients de la nourriture se combinent dans les proportions les plus avantageuses, que le beurre se produit en plus grande quantité.

Nous trouvons que la quantité moyenne de lait donnée pour nos deux vaches, par chaque période de cinq jours et durant l'influence des divers régimes alimentaires, a été comme suit :

	Vache brune.	Vache blanche.
Orge	48k 40	49k 15
Drèche	43 80	49 2
Orge et mélasse	46 40	50 66
Orge et graine de lin.	46 48	52 5
Fèves	44 95	52 10

De tous ces articles, dans l'un et l'autre cas, la drèche fut celui qui rendit le moindre produit. Avec l'emploi des fèves, le lait s'accrut jusqu'à la fin de l'expérience ; et, quant à la vache blanche, il surpassa ce qu'avait toujours donné précédemment cet animal, sauf une seule fois, sous l'empire du régime des herbes. Ce fait est digne d'attention ; il justifie la préférence que les agriculteurs accordent aux fèves pour la nourriture des vaches à l'étable (1). Si nous prenons la moyenne du produit des deux vaches, nous trouverons que l'influence des divers régimes sur la production du lait peut se classer de la façon suivante :

La drèche produit............	46k 25
L'orge et la mélasse............	48 10
La farine de fève...............	48 55
L'orge	48 70
L'orge et la graine de lin.....	49 10

Nous indiquons le produit moyen des deux vaches, parce qu'il donne mieux un aperçu des résultats auxquels conduirait, pour l'alimentation d'un grand nombre d'animaux, l'emploi de ces divers articles. La comparaison de nos expériences montre toutefois qu'une espèce de nourriture agit avec plus d'efficacité sur un animal que sur un autre, et qu'il faut s'attacher à rechercher ce qui est le mieux du goût de l'animal et ce qui s'allie le mieux à son tempérament. Ne perdons pas de vue que les animaux nourris à l'étable ne sont plus dans des conditions naturelles.

Un objet essentiel, c'est de déterminer la *quantité* de grain la plus convenable pour donner la plus grande quantité de lait. Peut-être la table n° 1 fournit-elle la meilleure réponse à cette question en ce qui concerne les substances alimentaires employées dans le cours de nos expériences. En examinant l'emploi de l'orge, nous voyons que, lorsqu'on en donnait 12 livres (5 kilog. 43)

(1) Au sujet de l'analyse chimique de la fève et de ses qualités nutritives, consultez le *Cours d'agriculture* de M. de Gasparin, tom. II, pag. 780 et suiv. Un hectolitre de fèves peut remplacer 340 kilog. de foin.

par jour, le produit du lait, pour nos deux vaches, ne fut pas au-dessus de ce qu'il avait été lorsque la ration journalière ne dépassait pas 9 livres (4 kilog. 10). Ce résultat nous semble assez bien établi pour démontrer qu'il n'y a pas avantage à donner à une vache plus de 9 livres d'orge par jour. En général, chez les animaux ruminants dont l'estomac est d'une grande capacité, un excès de nourriture concentrée parvient imparfaitement à produire l'effet qu'amènent des aliments volumineux, c'est-à-dire, à stimuler de la part des tissus de l'estomac la sécrétion des sucs gastriques ; de sorte que la nourriture prise en quantité modérée, et accompagnée d'un peu d'exercice, conduit à de meilleurs résultats que lorsqu'elle est donnée en proportion surabondante.

Les opinions des agriculteurs varient au sujet de la période que demande, dans le système animal, la conversion de la nourriture en lait. J'ai entrepris d'éclaircir cette question en traçant un relevé exact de la quantité de lait donnée par une vache, le matin et le soir. J'ai reconnu ainsi que, dans l'espace d'un mois, la vache brune donna la plus grande quantité de lait six fois seulement dans la soirée, tandis que, chez la vache blanche, pareil résultat ne se montra que trois fois. Il est donc constaté que, durant nos expériences, la majeure partie du lait fut donnée le matin. Un exemple, pris au hasard sur le relevé concernant la vache blanche, fera sentir la force de cette observation.

1er août....	Orge et foin..............	Matin	5k 215
		Soir	5 370
2..........	*Idem*..................	Matin	5 137
		Soir	4 505

3 août......	Orge et foin..............	Matin	5 281
		Soir	4 389
4............	*Idem*..................	Matin	4 925
		Soir	4 375
5............	Orge, mélasse et foin.	Matin	5 115
		Soir	4 646
6............	*Idem*..................	Matin	5 118
		Soir	4 832

La consommation de la nourriture durant la nuit est, comparaison gardée, peu considérable; il est donc évident que cette quantité supérieure de lait doit dériver du fourrage employé le jour précédent. D'après une observation qui a souvent été faite, et qui établit que les aliments non digérés ne se montrent dans les matières fécales que seize heures après qu'ils ont été avalés, nous pouvons tenir comme démontré que, durant cette période au moins, l'absorption de la partie nutritive des substances alimentaires se poursuivait, puisque nous savons que, durant le trajet entier du canal intestinal, les aliments solubles continuent d'être absorbés par les tissus qui tapissent les viscères.

Nous avons résumé, dans la table n° 3 de l'*Appendice*, les quantités de beurre produites, durant des périodes de cinq jours chaque, par cinq espèces différentes de nourriture. Antérieurement à ces expériences, le maximum du beurre que donna la vache brune fut sous le régime de l'herbe. Les cinq premiers jours de l'expérience rendirent 4 liv. 93 (2 kil. 24) de beurre, quantité qui, diminuant jusqu'aux cinq derniers jours, ne se trouva que de 3 liv. 75 (1 kil. 71), chiffre qui ne dépassait point celui que présentèrent quelques-unes des expériences subséquentes. La loi qui paraît présider à la diminution du lait, lorsque l'emploi de la même nourriture a été continué durant quelque temps, ne semble point devoir s'appliquer à la formation du beurre. Nous trouvons, au contraire, que la quantité de beurre augmentait vers la fin d'une expérience prolongée même durant dix ou quinze jours. Ce fut l'orge pilé qui correspondit, chez la vache brune, au maximum du beurre. Durant la troisième série de cinq jours, le produit fut de 3 liv. 935 (1 kil. 782); la farine de fève arriva en seconde ligne (3 liv. 69, soit 1 kil. 685); puis vinrent l'orge et la graine de lin, 3 liv. 689 (1 kil. 676) durant les cinq premiers jours; l'orge et la mélasse, 3 liv. 63 (1 kil. 644), et la drèche, 3 liv. 60 (1 kil. 630).

Quant à la vache blanche, les quantités furent :

Fèves, 3 liv. 76 (1 kil. 703);

Orge et graine de lin, 3 liv. 421 (1 kil. 513);

Orge broyé, 3 liv. 376 (1 kil. 528);

Orge et mélasse, 3 liv. 26 (1 kil. 476);

Drèche, 3 liv. 126 (1 kil. 414).

Il est maintenant admis en physiologie que la partie musculaire d'un corps vivant dérive des matières albumineuses contenues dans l'alimentation. C'est ce que Beccaria établit dès 1742. Liebig divise les fonctions de la nourriture en nutritives et en respiratoires. J'ai cru pouvoir substituer à ce dernier nom celui de *calorifiantes*, afin d'étendre la fonction que remplit dans l'organisme la nourriture non azotée. Suivant ce principe, tout aliment sert à réparer la déperdition du corps et à produire la chaleur animale. Les expériences faites par divers savants, et notamment par M. Magendie, montrent que la fibrine seule ne saurait nourrir, et qu'il faut un auxiliaire dans la production de la chaleur animale.

La quantité de nourriture calorifiante, en opposition à la nourriture nutritive, est hors de toute proportion, incomparablement plus grande que celle qu'exige la déperdition de la matière solide du corps : c'est ce que montre le tableau ci-après; il exprime le montant des principes qui constituaient définitivement la nourriture durant un jour d'une vache nourrie à l'étable.

	Nourriture.		Excréments.		Consommation.	
Carbone	11 liv.	90	5 liv.	10	6 liv.	80
Hydrogène..	1	61	0	62	0	99
Nitrogène ...	0	45	0	20	0	25
Oxygène	10	74	4	12	6	62
Corps fixes.	1	71	1	9	0	62
	26 liv.	41	11 liv.	13	15 liv.	28

L'aliment employé en cette circonstance était de l'herbe (*lolium perenne* ou ray-grass.) Si nous calculons maintenant quelle était, dans la somme des substances employées comme nourriture, la quantité réellement destinée pour l'alimentation (en considérant que les substances albumineuses contiennent environ 53 pour cent de carbone, 7 d'hydrogène, 16 de nitrogène et 24 d'oxygène), nous trouverons qu'elle monte seulement à 1 livre 56, ainsi que le montre la table suivante :

	Partie nutritive.		Partie calorifiante.	
Carbone..........	0 liv.	828	5 liv.	982
Hydrogène.......	0	109	0	771
Nitrogène	0	250	»	»
Oxygène	0	373	6	247
	1 liv.	560	13 liv.	»

Un système exact destiné à régler la diète réclamerait des tables calculées d'après la condition des animaux, afin d'établir les rapports entre les besoins du système et l'alimentation. Dans l'expérience précédente, la partie nutritive des aliments qu'a absorbée le système animal se trouve, à la portion calorifiante, dans le rapport de 1 à 8 1/3. En comparant ce fait avec les diverses variétés des substances alimentaires qu'emploie l'homme, on arriverait à jeter quelque clarté sur la différence des effets que produisent telle et telle substance, suivant le rapport de leurs principes constitutifs. Le lait, par exemple, ce premier élément des jeunes mammifères, contient une partie de principes nutritifs pour chaque deux parties de principes calorifiants. Quant au blé et à l'orge, ces deux aliments si répandus, nous avons trouvé, après une série d'expériences, que la quantité moyenne de substance albumineuse qui s'y montre est de 11 pour cent, tandis que la quantité d'amidon et de sucre qu'ils renferment varie de 70 à 80 pour cent, donnant ainsi, pour le rapport de la quantité nutritive à la quantité calorifiante, 1 à 7 et au-delà. Une pareille nourriture peut convenir à un être vivant qui n'est pas soumis à un exercice actif du système musculaire, et elle peut être regardée comme la limite de l'excès de la partie calorifiante. Lorsqu'on exige davantage du système musculaire, il faut accroître la proportion des principes azotés ou nutritifs, et l'augmenter jusqu'à ce que nous arrivions au point où la substance fibrineuse est égale à la moitié de la substance calorifiante. C'est probablement, d'après les notions d'une physiologie parfaitement normale, la plus grande proportion relative de matières nutritives qui soit admissible.

La proportion entre les principes nutritifs et les principes calorifiants dans les aliments doit aussi varier suivant le degré d'exercice ou l'état de repos auquel est soumis l'être animé. L'étude de cette proportion peut seule faire connaître les lois d'une alimentation bien entendue ; elle exige que l'on connaisse la quantité de substances albumineuses comprise dans les diverses denrées qui servent à la nourriture. Les principes constitutifs des farines qu'on emploie comme aliment de l'espèce humaine sont principalement des substances albumineuses, des substances calorifiantes, de l'eau et des sels ; de sorte que, lorsque nous avons déterminé la quantité de substance albumineuse contenue dans la farine à l'état de sécheresse, l'excédant peut, sans erreur sensible, être considéré comme substance calorifiante. Dans la table suivante, fondée sur nos expériences personnelles, l'eau n'a pas été soustraite de la farine.

	Substance albumineuse ou nutritive.	
Farine de fèves	25,36	pour cent.
Farine d'avoine d'Ecosse	15,61	—
Farine du Canada	11,62	—
Orge	11,31	—
Maïs	10,93	—
Farine du comté d'Essex	10,55 à 11,80	
Foin	9,71	—
Drèche	8,71	—
Riz des Indes-Orientales	8,37	—
Sagou	3,33	—
Arrow-root de la mer du Sud	3,21	—
Tapioca	3,13	—
Pommes de terre	2,23	—
Amidon (de froment)	2,18	—
Turneps de Suède	1,32	—

Chacune des denrées ci-dessus renfermant de 5 à 14 pour cent d'eau, il faut donc opérer quelque déduction pour arriver à la quantité exacte de substances calorifiantes. En général, on peut affirmer que la farine de froment, le maïs, l'orge et les fèves contiennent de 10 à 14 pour cent d'eau. Un calcul fort simple nous mettra à même d'établir la proportion entre les principes nutritifs et les principes calorifiants. Ces premiers sont aux seconds dans le rapport de :

1 à 2 dans le lait.
1 à 2 1/2 dans les fèves.
1 à 5 dans la farine d'avoine.
1 à 7 dans l'orge.
1 à 8 dans la farine de froment anglais.
1 à 9 dans la pomme de terre.
1 à 10 dans le riz.
1 à 11 dans les turneps.
1 à 26 dans l'arrow-root, le tapioca, le sagou.
1 à 40 dans l'amidon.

La nourriture d'un être vivant dont les habitudes sont sédentaires doit contenir plus de substances nutritives et moins de substances calorifiantes que celle que réclame un état d'exercice. C'est pourquoi les fèves, l'avoine, la farine d'orge conviennent fort bien à l'alimentation des chevaux ; mais ces denrées ne suffisant pas seules, il faut y ajouter la substance calorifiante sous forme de foin. La nature a désigné le lait comme devant former l'alimentation des mammifères à l'état d'enfance ; il faut donc que la nourriture des enfants se rapproche le plus possible, dans la proportion des principes dont elle se forme, de la proportion que présente le lait. Et ceci montre qu'il est contraire aux lois bien entendues de la science d'employer, comme on le fait souvent et comme le recommandent de nombreux médecins, l'arrow-root ou quelques autres articles de même genre, où le rapport entre les substances nutritives et calorifiantes est de 1 à 26, tandis que le lait nous présente celui de 1 à 2. J'ai eu de fréquentes occasions de m'assurer du fâcheux effet qu'exerce sur les enfants l'emploi peu judicieux de l'arrow-root, du tapioca, de ces substances farineuses qu'on vend chez les marchands. Des douleurs cruelles dont les parents et les nourrices ne devinent pas la cause, des indispositions sérieuses sont le résultat d'une alimentation aussi contraire au vœu de la nature ; il ne faut l'adopter qu'en la combinant avec une quantité suffisante de substance nutritive, ou bien lorsqu'on jugerait dangereux d'employer des denrées trop nutritives, dans les cas d'inflammation, par exemple.

En Ecosse, la farine d'avoine est d'un emploi général pour l'alimentation des enfants de toutes les classes, et elle donne les meilleurs résultats : ce fait important me semble corroborer pleinement les principes que j'ai avancés. Circonstance notable, l'avoine gagne en puissance nutritive à mesure que s'élève, jusqu'à certaines limites, la latitude, tandis que le blé suit une loi inverse.

D'après ce que j'ai dit de l'importance de maintenir un équilibre convenable entre les besoins de l'organisme animal et la constitution de la nourriture, on comprend pourquoi les expériences essayées sur des vaches ont montré que les betteraves et les pommes de terre données en quantités considérables amenaient des résultats défavorables ; ils étaient dus à ce que ces deux articles contiennent un excès de substance calorifiante. Les éleveurs savent bien qu'un animal nourri en grande partie de pommes de terre est sujet à perdre de son poids et à contracter diverses maladies, telles que des affections de la peau.

L'importance de l'attention à donner au juste équilibre des principes de l'alimentation se montre clairement dans la table suivante, d'après laquelle il est évident que les aliments contenant la plus grande quantité d'amidon ou de sucre ne sont pas ceux qui donnent le plus de beurre, bien que l'on suppose que ce sont ces substances qui donnent le beurre; de fait, c'est la nourriture qui semble le mieux rétablir l'équilibre qui produit le plus de beurre et de lait. A côté de l'indication de la nourriture donnée aux deux vaches, nous plaçons trois colonnes : dans la première colonne nous trouvons le lait moyen des deux animaux pour cinq jours ; dans la seconde, le beurre pour des périodes de cinq jours également; tandis que la troisième indique la quantité de nitrogène dans la nourriture absorbée par les deux animaux durant les mêmes périodes.

	EN CINQ JOURS.		
	Lait.	Beurre.	Nitrogène dans les aliments
Herbe	51k 65	1k 59	1k 04
Orge et foin	48 47	1 55	1 76
Drèche et foin	46 21	1 45	1 49
Orge, mélasse et foin	48 02	1 57	1 71
Orge, graine de lin et foin	48 92	1 62	1 87
Fèves et foin	48 90	1 69	2 39

Nous pouvons conclure de ces résultats que l'herbe

donne les meilleurs produits, parce que cet aliment combine dans la proportion la plus avantageuse les principes nutritifs et calorifiants. Les autres aliments ont été soumis à des opérations artificielles qui ont pu troubler leur équilibre. Dans la fenaison, par exemple, la matière colorante de l'herbe est enlevée ou altérée; une portion du sucre est entraînée par l'eau ou détruite par la fermentation, et chaque ondée qui tombe sur le foin emporte quelques-uns des sels solubles. Toutes ces questions relatives à la nutrition des animaux ne sauraient d'ailleurs s'éclaircir qu'à la suite d'expériences faites sur divers points, à différentes époques, et poursuivies durant de longues périodes avec une attention persévérante. Nous nous estimerons heureux, si nos recherches engagent quelques agriculteurs à marcher dans la voie où nous avons essayé de les précéder, et si elles leur facilitent les moyens d'y pénétrer plus avant et plus sûrement que nous.

Nous recommandons les tableaux qui vont suivre à l'attention de ceux qui auront bien voulu lire cet essai; on y trouvera réunis et condensés certains résultats de nos expériences.

APPENDICE.

TABLE 1.

—

Rapport de la nourriture avec les produits des deux vaches.

	Herbe.	Orge entier.	Drèche entière.	Orge broyé.	Orge et mélasse.	Orge et graine de lin	Fèves.
Lait desséché des deux vaches . . . kil.	37,60	26,65	22,47	40,77	23,29	24,92	12,25
Excréments desséchés d°.	100,78	91,42	101,05	163,18	104,10	101,97	47,93
Foin desséché.	323,22	264,02	238,73	333,62	190,40	197,78	102,20
Mélasse.	»	»	»	»	23,47	»	»
Grain desséché	»	39,96	48,15	118,20	73,84	116,72	48,56
Total de la nourriture sèche	214,66	302,97	286,89	471,80	288,70	30,82	150,85
Proportion pour cent							
De la nourriture sèche au lait	11,60	8,41	7,08	8,64	8,06	8,45	8,13
De la mélasse au beurre	2,71	1,82	2,07	2,11	2,19	2,15	2,25
De la mélasse au lait.	»	»	»	»	9,44	»	»
Du foin sec au lait	»	9,66	9,60	11,50	12,33	12,60	12,00
Du grain sec au lait.	»	65,40	46,23	34,60	31,50	25,70	25,23
Du grain sec au beurre.	»	14,22	12,40	8,40	6,45	6,57	7,06

TABLE 2.

—

Montant de l'huile et de la cire dans la nourriture, et du beurre.

	Cire.		Huile.		Beurre.		Proportion du beurre avec l'huile et la cire.	
	I.	II.	I.	II.	I.	II.	I.	II.
Herbe . . . . kil.	12,94	12,94	»	»	4,36	3,18	1 à 2,95	1 à 4,09
Orge et herbe	8,53	8,53	0.469	0.469	2,74	1,99	1 à 3,27	1 à 4,50
Drêche et herbe	7,70	7,70	0.336	0,336	2,47	2,62	1 à 3,24	1 à 3,06
Orge, foin et herbe	5,92	5,80	1,409	1,409	1,53	4,10	1 à 1,61	1 à 1,75
Drêche et foin.	3,72	4,26	1,041	1,041	4,20	3,74	1 à 1,12	1 à 1,41
Orge, mélasse et foin.	2,43	2,48	0,815	0,815	2,82	2,52	1 à 1,14	1 à 1,30
Orge broyé et foin	1,21	1,20	0,344	0,544	0,83	1,09	1 à 1,37	1 à 1,58
Orge, graine de lin et foin	2,44	2,23	1,454	1,454	2,70	2,66	1 à 1,39	1 à 1,39
Farine de fève et foin.	1,34	1,09	0,516	0,516	1,35	1,45	1 à 1,29	1 a 1,09

Nota. La colonne marquée I indique les chiffres qui se rapportent à la vache brune, *et* la colonne marquée II indique ceux qui concernent la vache blanche.

Dans cette table, la caséine et l'eau ont été déduites du beurre.

Nous avons déjà dit que le mot *cire*, traduction textuelle du mot qu'emploie l'auteur écossais (*wax*), devait être pris dans le sens de *matière grasse*.

TABLE 3.

—

Proportion de la nourriture, du lait et du beurre. — *Vache brune.*

Par périodes de cinq jours.	Lait chaque cinq jours.	Orge.	Herbe.	Foin.	Foin sec.	Beurre chaque cinq jours.	Rapports (en terme moyen) du grain au lait.	du beurre au grain.
Orge broyé :								
1re période.	32,03	20,00	108,00	29,00	60,30	1,62		
2e période.	47,25	20,00	11,75	68,82	62,30	1,48	100 à 214	100 à 1428
3e période.	49,80	20,00	»	63,10	32,70	1,75		
4e période.	43,08	27,00	»	59,40	30,00	1,44		
Orge et mélasse :			Mélasse.					
1re période.	47,26	20,00	5,50	59,90	30,30	1,62	100 à 174	100 à 1611
2e période.	44,15	20,00	6,75	61,75	31,75	1,62		
Orge et graine de lin :			Graine de lin.					
1re période.	43,60	20,00	8,75	58,05	48,62	1,63	100 à 170	100 à 1736
2e période.	46,80	13,75	11,25	61,25	31,31	1,44		
Farine de fève :								
1re période.	44,86	25,25	»	66,60	33,82	1,66	100 à 166	100 à 1626

Voici comment doit se comprendre ce tableau : Durant la seconde période de cinq jours de nos expériences, la vache donna 47 kil. 25 de lait et 1 kil. 48 de beurre. Elle consomma, pendant cette même période, 20 kil. d'orge, 11 kil. 75 d'herbe, et près de 69 kil. de foin. En moyenne, durant cette expérience, nous trouvâmes que le rapport de l'orge au lait était 100 à 214, et celui du beurre à l'orge 100 à 1428; c'est-à-dire, 100 kil. de grain produiraient 214 kil. de lait, et 1428 kil. de grain donneraient 100 kil. de beurre.

La vache blanche nous offrit des chiffres un peu différents, mais il serait trop long d'insister sur ces différences inévitables.

TABLE 4.

Montant de la cire et de l'huile dans les diverses espèces de nourriture et dans les excréments.

	Cire.	
Ray-grass	2,01	pour cent.
Foin de ray-grass	2,00	—
Excrément humide d'herbe	0,312	—
Excrément humide de foin	0,602	—
Excrément sec d'herbe	2,67	—
Excrément sec de foin	3,82	—

	Huile.	
Orge	2,18	pour cent.
Drêche	1,37	—
Farine de fève	2,035	—
Tourteaux oléagineux	4,00	—

TABLE 5.

—

Comparaison entre la cire de la nourriture et du beurre, et la cire dans les excréments.

Nourriture.	Cire et huile dans la nourriture.	Beurre.	Cire dans les excréments.	Excès de la cire dans les excrémts et dans le beurre.	Excès de la cire dans la nourriture.
Herbe. . . . . kil.	25,98	7,37	2,85	»	15,44
Orge entier et herbe	18,03	4,76	2,42	»	10,78
Drèche entière et herbe	15,72	5,13	2,24	»	8,29
Orge broyé, drèche et foin.	14,47	8,61	6,16	0,316	»
Drèche broyée et foin	10,01	7,98	5,83	3,780	»
Orge, mélasse et foin	6,51	3,37	3,98	2,830	»
Orge broyé et foin	3,46	2,34	1,94	0,812	»
Orge, graine de lin et foin	7,82	3,39	3,88	1,720	»
Farine de fève et foin.	3,44	2,88	1,82	1,260	»
	45,41	32,57	23,61	10,518	

D'après cette table, il paraît que, lorsque l'herbe fut employée comme aliment, il y eut beaucoup plus de cire dans la nourriture qu'il n'y eut de cire dans les déjections de beurre dans le lait ; mais, aussitôt que le foin fut substitué à l'herbe, la cire dans les déjections et le beurre réunis dépassèrent le montant de l'huile dans le grain et de la cire dans le foin.

www.ingramcontent.com/pod-product-compliance
Ingram Content Group UK Ltd.
Pitfield, Milton Keynes, MK11 3LW, UK
UKHW022124260726
13993UKWH00003B/1219